Statistisch-geographisches

Handbuch

vom

Preußischen Staate,

für

Geschäftsmänner und Reisende.

Statistisch-geographisches
Handbuch
vom
Preußischen Staate,
für
Geschäftsmänner und Reisende.

Nach zuverlässigen Quellen bearbeitet.

Berlin, 1827.
Gedruckt und verlegt
bei G. Reimer.

Vorrede.

Der Verfasser dieses Werks hat bei der Bearbeitung desselben die zuverlässigsten, aus amtlichen Mittheilungen entlehnten Nachrichten benutzt, und dabei den Zweck vor Augen gehabt, dem Geschäftsmanne und Reisenden das Auffinden der in jedem Orte des Preußischen Staats vorhandenen einzelnen Behörden und Gegenständen von Interesse zu erleichtern. Es stehen hier demnach, Regierungs- Bezirks- und Kreisweise geordnet, alle Städte und Flecken der Monarchie, so wie diejenigen Dörfer, welche theils historisch wichtig, theils aus gewerblicher, administrativer oder anderer Hinsicht eine Bedeutsamkeit haben, aufgeführt, mit kurzer, in Rubriken eingetragener, Angabe der geographischen Lage dieser Orte, ihrer Häuser- und Einwohner-Anzahl, der darin befindlichen Civil- und Militair-Behörden und garnisonirenden Truppentheile, ferner der Unterrichts- und anderer öffentlichen Anstalten, des Hauptgewerbes und der etwa vorhandenen Merkwürdigkeiten.

Die Beschränkung des Raumes machte nothwendig, daß mehrere Gegenstände in eine Rubrik haben vereinigt werden müssen. Es wird daher bemerkt, daß die bei den Kreisstädten (d. h. solchen Städten, in welchen sich das Landräthliche Officium befindet) in einer Parenthese befindliche Zahl die Entfernung dieser Orte von dem betreffenden Regierungs-Haupt-Orte in preußischen Meilen anzeigt, und nur bei letztern die Entfernung von Berlin angegeben worden ist.

Berlin, im Julius 1827.

Der Verfasser.

Abbreviaturen.

Spalte 1.

Reg. Depart.	Regierungs-Departement
St. Kr.	Stadt-Kreis
L. Kr.	Land-Kreis
St.	Stadt
Mfl.	Marktflecken
Fl.	Flecken
D.	Dorf

Spalte 2.

M.	Meile
Ausfl.	Ausfluß
Einfl.	Einfluß
Fl. od. fl.	Fluß
a. d.	an der, an dem

Spalte 5.

Ob. Präs.	Ober-Präsidium
Reg.	Regierung
Krst.	Kreisstadt
Kr.-Ort	Kreis-Ort

Spalte 6.

O. L. G.	Ober-Landes-Gericht
L. u. St. G.	Land- und Stadt-Gericht
L. G.	Land-Gericht
St. G.	Stadt-Gericht
F. G.	Friedens-Gericht
Bg. G.	Berg-Gericht
G.	Gericht
Inquis.	Inquisitoriat
adl. Kr. G.	adliches Kreisgericht
Ger. A.	Gerichts-Amt
Just. A.	Justizamt
Ob. Appel. G.	Ober-Apellations-Gericht
Gen. P. A.	General-Post-Amt
Hof P. A.	Hof-Post-Amt
Ob. P. A.	Ober-Post-Amt
P. A.	Post-Amt
P. E.	Post-Expedition mit Pferdewechsel
Prov. St. Dir.	Provinzial-Steuer-Direktion
H. St. A.	Haupt-Steuer-Amt
H. Z. A.	Haupt-Zoll-Amt
F. J.	Forst-Inspektion
Ob. Bg. A.	Ober-Berg-Amt
Bg. A.	Berg-Amt
A.	Amt

Spalte 8.

Univ.	Universität
Gymn.	Gymnasium
Stschule	Stadtschule
Anst od. -anst.	Anstalt.
H. oder -h.	Haus
ev.	evangelisch
kath.	katholisch
Sch. Semin.	Schullehrer-Seminar
Kl. oder -kl.	Kloster
Kr. Lazareth	Kreis-Lazareth

Spalte 9.

Hand.	Handel
Fabr. od. -fabr.	Fabriken oder Fabrikation
Br.	Brauerei
Brantwbr.	Branntweinbrennerei
Fisch.	Fischerei
Gerb.	Gerberei
-web.	-weberei
Töpf.	Topfwaaren oder Töpfergeschirr
Getr.	Getreide
Tab.	Taback.

Druckfehler.

Seite 5	Rub. 3	Zeile 3	von unten lies Hosianum statt Hocianum
— 20	— 1	— 13	lies Strzalkowo statt Strzalkowc
— 28	— 1	— 6	von unten lies Filehne statt Tilehne
— 41	— 4	— 21	von unten lies Jagdschloß
— 44	— 1	— 9	lies Rhinow statt Ryhinow
— 88	— 1	— 10	von unten lies Wahlstatt statt Wahlstadt
— 71	4	— 5	lies: gehört dem Grafen v. Maltzahn.

Zusätze.

Seite 20	Rub. 1	Zeile 4	füge bei Schloppe hinzu: (poln. Czlopa)
— 30	— 1	— 14	füge bei Nakel hinzu: (poln. Nakelno)
— 39	— 1	— 6	setze für Rüdersdorf hinzu: Bergamt.

Veränderungen während des Drucks.

Seite 106 Halle — 110 Merseburg	Das 2te Bataillon 31sten Landwehr-Regiments ist von Halle nach Merseburg verlegt worden.

Statistisch-geographisches Handbuch

vom

Preußischen Staate,

für

Geschäftsmänner und Reisende.

Nach zuverlässigen Quellen bearbeitet.

Name des Orts.	Geographische Lage.	Anzahl der Privat-Wohnhäuser u. Größe der Kreise nach geogr. Q.-Meilen.	Anzahl der Einwohner mit Militair.	Civil-Verwaltungs-Behörden.
A. Provinz Preußen.				
a. Ostpreußen.				
I. Reg.=Dep. Königsberg.				
1. St.=Kreis Königsberg.	. .	1,05 QM	69,068	Sitz des Ob. Präs. von Ost- u. West-Preußen, Sitz der Regier., Krst.
St. Königsberg . . (78⅞ Meile von Berlin.)	1 Meile vom Ausfl. des Pregel ins frische Haf.	4121	62,469	
2. Ld.=Kreis Königsberg (Das Landr.-Amt ist in Königsberg.)	. .	22,82 QM	32,104	
3. Kreis Memel.	. .	19,21 QM	37,506	
St. Memel (20¼ M.) .	Mündung der Dange ins kurische Haf.	737	7,702	Krst.
4. Kr. Fischhausen.	. .	31,89 QM	31,635	
St. Pillau (4¾ M.) .	Ostsee u. frische Haf.	185	3,402	—
= Fischhausen . .	frische Haf	145	1,393	Krst.
D. Kranz	an der Ostsee.	—	268	—
5. Kr. Labiau.	. .	24,69 QM	31,121	
St. Labiau (7 M.) . .	a. d. Deine u. gr. Friedrichsgraben.	241	2,979	Krst.
6. Kr. Wehlau.	. .	17,78 QM	33,766	
St. Wehlau (7½ M.) .	am Pregel u. der Alle.	213	2,801	Krst.
= Tapiau	am Pregel u. der Deine.	178	1,923	—
= Allenburg . . .	a. d. Alle.	190	1,423	—
7. Kreis Gerdauen.	. .	15,36 QM	26,021	
St. Nordenburg . .	a. Aschwönfl.	232	1,877	—
= Gerdauen (9½ M.)	am Ometfl.	201	1,850	Krst.

Behörden. Justiz-, Post-, Zoll- und Steuer-, Forst-, Berg-werks- ꝛc. Behörden.	Militair-Behörden und garnisonirende Truppentheile.	Oeffentl. Anstalten, Universitäten, Gymnasien, höhere Schulen, Waisen-, Armen-, Kranken- u. Straf-Anstalten ꝛc.	Hauptgewerbe und vorhandene Merkwürdigkeiten.
Ob. L. G., Commerz- u. Admiral.-Colleg., Inquisit., St. u. L. G., H. P. A., Prov. St. Dir., H. St. A., F. J., Banco-Comtoir, Seehandlungs-Comtoir.	Comm. d. I. Armee-Corps. Comm. d. 1. Div. Comm. d. 1. Inf.-, 1. Kav.-u. 1. Ldw.-Brig. Gouv., Commandant. 1. Bat. 1. Garde-Ldw.-Reg. Stab 1. u. Füs.-Bat. 1. Inf.-Reg. Stab 1. u. 2. Bat. 3. Inf.-Reg. Stab 3. u. 4. Esk. 3. Kuir-Reg. Stab, Com. d. 1. Abth. 1. reit., 1. 3. 4. Fuß-Comp. der 1. Art.-Brig. 1. Bat. 1. Ldw.-Regts.	Königl. deutsche Gesellsch., Univ, 2 Gymnas., Kunst- u. Gewerksschulen, Hebammen Lehr-Anstalt., Marienstift, evangel. Sch.-Semin, 4 Wais., 6 Armen-, 5 Krankenh., Taubstum.-, Blinden-, Irren-Anst., 2 Straf-anstalten.	Haupt- u. Residenzstadt, Hafen, Seehand., Manufakt. und Fabr. aller Art, besonders in Wolle, Tuch, Baumwolle, Leder, Leinwand, Taback, Zucker, Metall, berühmt Bierbr. u. Branntweinbrenn., Schiffswerft. — Königl. Schloß.
L. u. St. G., O. P. A., H. Z. A.	Combt., 2. Bat. 1. Inf. Regts.	Krankenhaus.	Hafen, Seehandel.
St. G., H. Z A.	Combt., 1. Cp. v. 1. u. 3. Inf. R., 2. Fuß-Cp 1. Art.-Brig., 1. Comp. d. 1. Pion.-Abth., 1. u. 3. Inf.-Reg. Garn.-Cp., 1. Div. Garn. Comp.	höhere Stadtschule.	Festung, Hafen, Seehandl.
L. u. St. G., P. E.	—	—	Bernstein, Bierbrauerei.
	—	—	Seebad.
L. u. St. G., P. E., F. J.	—	Armenhaus.	Leinsaathand., Fisch., Gerb., Branntweinbr., Brauer.
L. u. St. G., P. E.	1. u. 2. Esk. 3ten Kürassier-Regts,	höhere Stadtschule.	Große Mühlenwerke, Traktat von 1657.
L. u. St. G., P. E.	2. Abtheil. d. 1. Inv.-Comp.	Land-Armenh.	Gefecht 3. Jan. 1813 zwischen Russen u. Franzosen.
L. u. St. G., P. E.	—		Bierbr., Branntweinbr., Garnhandel.
St. G., P. E.	Det. 1. Inv.-Comp.	—	Gerberei.
L. u. St. G., Erb-Haupt-Amt, P. E.	—	—	Tuchw., Gerb., Schloß.

Name des Orts.	Geographische Lage.	Anzahl der Privat-Wohnhäuser u. Größe der Kreise nach geogr. □-Meilen.	Anzahl der Einwohner mit Militair.	Civil-Verwaltungs-Behörden.
8. Kreis Rastenburg.	. .	15,10 □M	30,411	
St. Rastenburg (13½ M.)	a. d. Guber	473	3,195	Krst.
„ Barten	a. d. Liebe	153	1,505	—
„ Drengfurt . . .	am Ometfl.	160	1,388	—
D. u. Kloster heilige Linde	1 M. südöstl. von Rössel	—	194	—
9. Kreis Friedland.	. .	15,41 □M	30,112	
St. Bartenstein . .	a. d. Alle	320	3,225	—
„ Friedland (6½ M.)	a. d. Alle	219	2,137	Krst.
„ Schippenbeil . .	Guber u. Alle	230	1,957	—
„ Domnau	auf einer Insel im Mühlenteiche	131	1,110	—
10. Kreis Pr. Eylau.	. .	21,37 □M	34,433	
St. Pr. Eylau (6¼ M.)	a. Pasmerfl.	198	1,768	Krst.
„ Landsberg . . .	Fl. Stein	218	1,683	—
„ Kreuzburg . . .	Pasmer und Kaisterfl.	190	1,351	—
D. Dexen	1 M. westl. v. Pr. Eylau	—	75	—
„ Mühlhausen . .	2 M. nördl. v. Pr. Eylau	—	353	—
11. Kreis Heiligenbeil.	. .	19,86 □M	27,572	
St. Heiligenbeil (7¼ M.)	a. d. Jarft	268	2,135	Krst.
„ Zinten	a. Stradbigfl.	246	1,476	—
Mfl. Brandenburg .	Ausfl. d. Frisching ins frische Haf	130	956	—
12. Kreis Braunsberg.	. .	18,05 □M	35,860	
St. Braunsberg (8¾ M.)	a. d. Passarge	633	5,914	Krst.
„ Mehlsack . . .	a. d. Walscha	346	2,448	—
„ Wormditt . . . (poln. Orneta)	a. d. Drewanz	378	2,372	—
„ Frauenburg . .	frische Haf	257	1,731	—

Behörden. Justiz=, Post= Zoll= und Steuer=, Forst=, Berg=werks= 2c. Behörden.	Militair=Behörden und garnisonirende Truppentheile.	Oeffentl. Anstalten, Universitäten, Gymnasien, höhere Schulen, Waisen=, Armen=, Kranken= u. Straf=Anstalten 2c.	Hauptgewerbe und vorhandene Merkwürdigkeiten.
L. u. St.=G., P. A.	1. Jäg.=Abth.	Gymn.	Tuch=, Lederfabr., Leinwandhand.
L. u. St. G., P. E.	—	—	Schloß.
L. u. St. G., P. E.	Det. d. 1. Inv.=Comp.	—	Garn= Leinwandweb., Gerb.
—	—	—	berühmter Wallfahrtsort, Leinwandmärkte.
L. u. St. G., P. E.	1 Bat. 4. Ldw.=Rgts.	höhere Stadtschule.	Töpfergeschirre.
St. G., P. E., H. St. A.	—	—	Wollweb.; Schlacht am 14. Juny 1807
St. G., P. E.	—	—	Die Alle wird hier schiffbar; bedeutende Mühlenwerke.
St. G.	Det. 1. Inv.=Comp.	—	Bierbrauerei.
L. u. St. G., P. E.	1. Abth. 1. Inv.=Comp.	—	Tuchweb.; Schlacht am 7. u. 8. Febr. 1807.
St. G., P. E.	—	—	Tuchweberei.
St. G., P. E.	—	—	Lachsforellen= und Schmerlenfang.
—	—	ev. Schulleh.=Semin.	
—	—	ev. Schulleh.=Semin.	dem Grafen v. Dankelman gehörig.
L. u. St. G.	—	—	Leinwandhandel, Bierbr.
St. G.	—	—	Tuchw., Eisenham., in der Gegend Eisenerz.
—	—	—	Fisch., Leinwandbleichen. — Wurde 1269 vom Markgrafen Otto von Brandenburg erbaut.
St. G., P. A., H. St. A.	Füs. Bat. d. 3. Inf.=Rgts.	kath. theol. u. phil. Fakult., (Lyceum Hocianum) kath Gymn., kath. Priester=, Schull.=Semin., Armenh.	Getreide=, Leinw.=, Garn=, Flachs=, Holzhandel. Gefecht 1807.
L. u. St.=G.	—	—	Garn= u. Leinwandhandel.
L. u. St.=G. P. E.	—	Nonnenkl.	Tuchweb., Tabacks=Fabr., Schloß.
St. G., P. E. Domkapitel.	—	Krankenhaus.	Gerb., Kathedrale des Bischofs v. Ermeland.

Name des Orts.	Geographische Lage.	Anzahl der Privat-Wohnhäuser u. Größe der Kreise nach geogr. Q.-Meilen.	Anzahl der Einwohner mit Militair.	Civil-Verwaltungs-Behörden.
13. Kreis Heilsberg.	. .	19,83 QM	36,505	
St. Heilsberg (10¾ M.)	a. d. Alle	413	3,433	Krſt.
„ Guttſtadt . . . (poln. Dobre Miasto)	a. d. Alle	328	2,395	—
14. Kreis Rössel.	. .	19,98 QM	30,705	
St. Biſchofſtein . .	a. d. Piß	411	2,332	—
„ Biſchofsburg . (poln. Biscupice)	a. d. Dimmer	307	2,163	—
„ Röſſel (13 M.)	am Zainfl.	250	2,095	Krſt.
„ Seeburg . . .	a. d. Semſe	232	1,465	—
15. Kreis Allenſtein.	. .	23,85 QM	30,457	
St. Allenſtein (16¾ M.) (poln. Olsztyn)	a. d. Alle	264	2,427	Krſt.
„ Wartenburg . .	Piß u. Kirmes	294	1,910	—
16. Kreis Ortelsburg.	. .	28,46 QM	38,161	
St. Willenberg . . (poln. Wielbark)	Fl. Omulef	230	1,757	—
„ Ortelsburg (21 M.) (poln. Scytno)	Fl. Waldbuſch	159	1,448	Krſt.
„ Paſſenheim . . (poln. Passim)	Kalber- u. Laleſch-See	162	1,051	—
17. Kreis Neidenburg.	. .	29,85 QM	29,617	
St. Neidenburg (24¼ M.)	Fl. Neida	242	2,241	Krſt.
„ Soldau . . . . (poln. Dzialdowo)	Fl. Soldau	213	1,812	—
18. Kreis Oſterode.	. .	27,58 QM	31,794	
St. Oſterode (19 M.) (poln. Ostrod)	Fl. und See Drewenz	227	2,156	Krſt.
„ Liebemühl . . . (poln. Maltomlyn)	a. d. Liebe	147	1,147	—
„ Gilgenburg . . (poln. Dombrowno)	zwiſch. 2 Seen	153	1,104	—
„ Hohenſtein . . . (poln. Olstinek)	Fl. Amelang u. Wispel-See	140	1,043	—
D. Tannenberg . .	. .	—	120	—
19. Kreis Mohrungen.	. .	22,58 QM	35,653	
St. Mohrungen (15½ M.)	zwiſch. Seen	295	2,140	Krſt.
„ Liebſtadt . . .	Mühlenfl.	170	1,432	—

Behörden. Justiz-, Post-, Zoll- und Steuer-, Forst-, Bergwerks- rc. Behörden.	Militair-Behörden und garnisonirende Truppentheile.	Oeffentl. Anstalten, Universitäten, Gymnasien, höhere Schulen, Waisen-, Armen-, Kranken- u. Straf-Anstalten rc.	Hauptgewerbe und vorhandene Merkwürdigkeiten.
Fürstbischöfl. Ermeländisch. Hausvogtei-Ger., P. A.	—	Armen-, Krankenh., Bernh. Mönchskloster zu Springborn.	Tuchweb., Gerb., Leinwandhand.; Gefecht 10. Juni 1807.
L. u. St. G., P. E.	—	—	Garnhand., Wollfabr., Br.-Branntwbr. Gefecht 1807.
P. E.	—	—	Garnhandel.
P. E.	—	—	Leinwandmärkte.
L. u. St. G., P. E.	—	kath. Gymn., Zuchthaus.	Garnhandel, Wollweb.
L. u. St. G.	—	—	Schloß.
L. u. St. G., P. E., H. St. A., F. J.	—	Armenhaus.	Garn- u. Leinenhand. Glashütte, Schloß.
L. u. St. G.	—	Bernhardiner Mönchskl.	Garn- und Leinenhandel. Schloß.
L. u. St. G., P. E.	—	Krankenhaus.	Eisenhamm., Wollweb.
L. u. St. G., P. E.	3. Bat. 3. Ldw.-Rgts.	Kr.-Lazareth.	Sägemühle, in der Gegend Glasfabr.
P. E.	—	—	Rübenbau.
St. Ger., P. A., H. Z. A.	—	—	Tuchweb., Gerberei.
St. G., P. E.	—	—	Tuchweb., Brau., Stahlquelle. Schloß. Gefecht 1807.
St. G., Just. A., F. J.	3. Esk. 5. Cuir.-Rgts.	—	Tuchweb., Brau., Brantwbr., Holzhandel,
St. G., P. E.	—	—	Aalfang, Tuchweb., Schloß.
St. G., Erb-Haupt-Amt. P. E.	—	Armenhaus.	Tuchweberei.
L. u. St. G., P. E.	—	—	Schloß.
—	—	—	Schlacht 1410 zwischen den deutschen Rittern u. den Litthauern u. Polen.
St. G, P. E.	—	ökon. Gesellsch. Kr.-Lazareth.	Fisch., Garnhandel, Schloß.
St. G., Just. Amt.	—	—	Garn- u. Leinenhand., Tuchweb., Schloß.

Name des Orts.	Geographische Lage.	Anzahl der Privat-Wohnhäuser u. Größe der Kreise nach geogr. □-Meilen.	Anzahl der Einwohner mit Militair.	Civil-Verwaltungs-Behörden.
St. Saalfeld . . .	See Mäwing	192	1,405	—
Fl. Preuß. Mark . .	an einem See	71	357	—
20. Kreis Pr. Holland.	. .	15,98 □M	29,991	
St. Pr. Holland (14¼ M.)	Fl. Weeska	380	2,849	Krst.
= Mühlhausen . .	Fl. Baude	201	1,350	—
II. Reg.-Dep. Gumbinnen.				
1. Kreis Heidekrug.	. .	18,22 □M	23,127	
Fl. Heidekrug (18¼ M.) (poln. Szillo Karszno).	a. d. Szisze	—	114	Kreisort
D. Ruß	a. d. Ruß	—	1,707	—
2. Kreis Niederung.	. .	22,86 □M	38,419	
D. Heinrichswalde (13¾ M).	a. d. Uschleik	—	150	Kreisort
D. Kaukehnen . . .	a. d. Ruß	—	513	—
D. Rautenburg . .	a. d. Gilge	—	150	—
3. Kreis Tilsit.	. .	12,81 □M	38,984	
St. Tilsit (Tilse.) (11¾ M.)	Einfl. d. Tilsit in d. Memel	807	11,443	Krst.
4. Kreis Ragnit.	. .	22,02 □M	32,938	
St. Ragnit. (11¼ M.)	a. d. Memel	184	1,990	Krst.
Fl. Schmalleningken	am Einfluß d. Memel in das Preuß. Gebiet	—	100	—
5. Kreis Pilkallen.	. . .	18,79 □M	30,116	
St. Pilkallen (4 M.)	. .	156	1,374	Krst.
= Schirwind . . .	a. d. Szeschuppe u. Schirwind	141	1,078	—
6. Kreis Stallupöhnen.	. .	12,88 □M	26,841	
St. Stallupöhnen (3½ M.)	unfern der Grenze	151	2,523	Krst.
D. Trakehnen . . .	am Rudupfl.	—	300	—
7. Kreis Gumbinnen.	. .	12,77 □M	35,098	
St. Gumbinnen . . (95¼ M. von Berlin.)	a. d. Pissa	270	5,773	Sitz der Regier. Krst.

Behörden. Justiz-, Post-, Zoll- und Steuer-, Forst-, Bergwerks- ꝛc. Behörden.	Militair-Behörden und garnisonirende Truppentheile.	Oeffentl. Anstalten, Universitäten, Gymnasien, höhere Schulen, Waisen-, Armen-, Kranken- u. Straf-Anstalten ꝛc.	Hauptgewerbe und vorhandene Merkwürdigkeiten.
L. u. St.-G. P. E.	2. Esk. 5. Cuir.-Rgts.	—	Gerberei.
L. u. St.-G., P. A.	2. Bat. 4. Ldw.-Rgts.	—	Brau., (Füllwurst), Leder-, Wollen-, Leinenfabriken, Schloß.
St. G., P. E.	—	—	Brau., Töpfer.
Justiz-A.	—	—	Haideschnucken-Schaafe.
Justiz-Amt, P. E.	—	Krankenhaus.	Holzhand., Viehzucht, Lachsfang.
Amts-G., P. E.			
—			
Adl. Ger.	—	—	Majorat der Grafen v. Kaiserlingk.
St. G., Just. A., P. A., H. St. A., F. J.	3. u. 4. Esk. 1. Drag.-Rgts. 3. Bat. 1. Ldw.-Rgts.	Gymn., Krankenh.	Zuckerfab., Getr.-, Leinsaath., Leinweb., Lohgerb., Brau., Brantwbr. — Friede 7. u. 9. July 1807.
St. G., Just. A., P. E.	2. Abth. 4. Inf.-Rgts. Garnis.-Comp.	Strafanst.	Holz-, Getr.-, Leinsaath. Brauerei.
Justiz-Amt, P. E., H. Z. A.			
St. G., Just. A., P. E.	—	—	Brau., woll. Handschuhfabr.
St. u. Amts-G.	—	—	Handel.
St. u. Amts-G., P. E., H. Z. A.	—	—	Viehhandel, Leinweb.
—	—	—	Haupt-Stut-Amt u. Landgestüt.
L. u. St. G., P. A., Just. Amt, H. St. A.	1. Bat. 3. Ldw.-Rgts.	Gymn., Hebammen-Lehr-Anstalt, Krankenh., Salzburger Hospital.	Tuchweb., Bierbr., Brantwbr., Getreidehandel.

Name des Orts.	Geographische Lage.	Anzahl der Privat-Wohnhäuser u. Größe der Kreise nach geogr. □.-Meilen.	Anzahl der Einwohner mit Militair.	Civil-Verwaltungs-Behörden.
8. Kreis Insterburg.	. .	22,17 □M	43,960	
St. Insterburg (3¾ M.)	unfern d. Vereinigung des Angerap und der Inster.	443	6,876	Krst.
D. Kumetschen . .	a. d. Pissa.	—	68	—
= Gr. Jägersdorf .	unweit d. Pregels.	—	203	—
9. Kreis Darkehmen.	. .	13,68 □M	24,251	
St. Darkehmen . .	a. d. Angerap.	160	2,017	Krst.
D. Gudwallen . . .	unfern derselben.	—	114	—
D. Szabienen . . .	desgl.	—	136	—
10. Kreis Angerburg.	. .	17,11 □M	25,272	
St. Angerburg (8 M.) (poln. Wengobork)	a. d. Angerap, unweit des Mauersees.	258	2,813	Krst.
11. Kreis Goldap.	. .	18,14 □M	25,328	
St. Goldap (4½ M) .	a. d. Goldap.	833	3,383	Krst.
12. Kreis Oleczko.	. .	15,48 □M	23,928	
St. Oleczko. (9½ M.) (Marggrabowa)	See Oleczko.	284	2,258	Krst.
13. Kreis Lyck.	. .	19,63 □M	29,426	
St. Lyck (13½ M.) . .	am See und Fluß Lyck.	169	2,692	Krst.
14. Kreis Lötzen.	. .	16,37 □M	21,869	
St Lötzen	am See Löwentin.	186	1,878	—
= Rhein (14 M.) . .	am See Rhein.	151	1,336	Krst.
15. Kreis Sensburg.	. .	22,35 □M	29,416	
St. Sensburg (16. M.)	an einem See.	265	1,897	Krst.
= Nikolaiken . : .	Spirdingsee.	185	1,786	—
16. Kreis Johannisburg.	. .	31,79 □M	31,323	
St. Johannisburg (19 M.) (poln. Pysz)	a. Fl. Pisseck und Warschau-See.	198	1,962	Krst.
= Arys.	am See Arys.	96	1,156	—
= Bialla	an einem See.	157	1,013	—
D. Wondoleck. . . .	an d. Grenze.	—	83	—

Behörden. Justiz-, Post-, Zoll- und Steuer-, Forst-, Bergwerks- ꝛc. Behörden.	Militair-Behörden und garnisonirende Truppentheile.	Oeffentl. Anstalten, Universitäten, Gymnasien, höhere Schulen, Waisen-, Armen-, Kranken- u. Straf Anstalten ꝛc.	Hauptgewerbe und vorhandene Merkwürdigkeiten.
O. L. G., St. G., Just. A., Inquis., P. A., F. J.	Stab. 1. u. 2. Esk. 1. Drag.-Rgts. 2. Bat. 1. Ldw.-Rgts.	höhere Stadtschule, Krankenh.	Landgestüt; Getr.- u. Leinsaath.; Brau., Brantwbr. Leinweb.
—	—	ev. Schullehr.-Sem.: Karalene (Königinn).	
—	—	—	Schlacht 30. Aug. 1757 zwischen Russen u. Preußen.
St. G., Just. A., P. E.	—	—	Wollweb., Gerb., Getrhand.
—	—	—	Landgestüt.
—	—	ev. Sch.-Sem.	
St. u. Amts-G., P. E.	2. Bat. 3. Ldw.-Rgts.	Krankenhaus.	Wollweb., Holzhand., Fisch.
St. G., J. A., P. E., F. J.	—	—	Methbrauer, Viehhand. in d. Gegend Kalk u. Eisenerz.
St. G., adlig Kreisgericht, P. E.	—	Krankenhaus.	hat einen sehr großen Marktplatz; in einer bergigten Gegend.
St. u. Amts-G., P. A.	—	Gymnasium.	Handel nach Polen, Papiermühlen, Schloß.
St. u. Amts-G., P. E.	—	—	Fischerei, Leinwandhandel.
St. u. Amts-G., P. E.	—	—	Fischerei, Schloß.
St. u. Amts-G., P. E.			
St. u. Amts-G., P. E.	—	—	Fisch., Leinweb. — In der Gegend das ehemal. Fort Lyck im Spirdingsee.
St. u. A.-G., adlig. Kreis-Ger., P. E., H. Z. A., F. J.	—	Krankenhaus.	Getreidemarkt, Aal- und Welsfang, Johannisburger Haide.
St. u. A.-G.			
St. u. Amts-G., P. E.	—	—	Flachsbau.
—	—	—	Kön. Eisenhüttenwerk.

Name des Orts.	Geographische Lage.	Anzahl der Privat-Wohnhäuser u. Größe der Kreise nach geogr. □-Meilen.	der Einwohner mit Militair.	Civil-Verwaltungs-Behörden.
b. West-Preußen.				
III. Reg. Dep. Danzig.				
1. Kreis Elbing.	. :	12,87 □M	46,680	
St. Elbing (11¾ M.)	Fluß Elbing und d. Drausensee.	2,088	19,592	Krst.
= Tolkemit . . .	a. frischen Haf	264	1,495	—
2. Kreis Marienburg.	. .	14,87 □M	47,301	
St. Marienburg (7½ M.)	a. d. Nogat	630	5,156	Krst.
= Neuteich	i. großen Werder an der Schwente	164	1,498	—
Mfl. Tiegenhof . .	a. d. Tiege	—	1,494	—
3. St.-Kreis Danzig.	. .	1,21 □M.	65,792	
St. Danzig . . . . (poln. Gdansk) (66¾ M. von Berlin.)	a. Fl. Radaune und der Motlau u. am linken Ufer d. Weichsel	5,255	50,468	Sitz der Regierung, Krst.
Vor-St. Neufahrwasser	a. Ausfluß d. Weichsel	—	1,290	—
Fort Weichselmünde .	desgl.	—	15	—
4. L.-Kreis Danzig.	. .	21,69 □M	44,104	
Fl. Oliva	unfern d. Ostsee	—	914	—
D. Jenkau	1½ M. südl. v. Danzig	—	83	—
D. Praust (1½ M.) .	a. d. Radaune	—	270	Kreisort
5. Kreis Stargard.	. .	24,95 □M	33,977	
St. Stargard (7½ M.)	a. d. Ferse	284	2,657	Krst.
= Dirschau . . . . (poln. Tczewo)	a. d. Weichsel	226	2,072	—

Behörden. Justiz-, Post-, Zoll- und Steuer-, Forst-, Bergwerks- ꝛc. Behörden.	Militair-Behörden und garnisonirende Truppentheile.	Oeffentl. Anstalten, Universitäten, Gymnasien, höhere Schulen, Waisen-, Armen-, Kranken- u. Straf-Anstalten ꝛc.	Hauptgewerbe und vorhandene Merkwürdigkeiten.
St.G., P.A., H.St.A.	2. Bat. 4. Inf.-Regts. 2. Esk. 1 Hus.-Regts.	Gymnas., 2 Waisen-, 4 Krankenh.	Zucker-, Tab.- u. Seiffabrik., bedeutender Hand., Schifffahrt u. Schiffbau, Ausfuhr von Getr. u. Flachs.
L. u. St. G., P. E.	—	—	Fisch., besonders Störfang; Drosseln.
L. G., P. A.	3. Bat. 5. Ldw.-Regts.	evang. Schullehr-Sem., Krankenh.	Getr.-, Holzhand. — Wiederhergestelltes Schloß d. Hochmeister des deutschen Ordens.
L. u. St. G	—	—	Bierbr., Brantwbr.
L u. St. G., Commerz- u. Admiral-Colleg., O P. A., P.St.Dir., H. Z. A., Banko-Comtoir.	Comm. d. 2. Div., 2. Inf., 2. Kav.-, 2ten Ldw.-Brigade. Commandantur. Stab, 1ste u. Füs.-Bat. 4ten Inf.-Regts. 5tes Inf.-Regt. Stab u. 1ste Esk. 1sten Hus.-Regts. Comm. d. 2. Abth., 2 reit., 5. 6. 7. 8. 12te Fuß- u. Hdw.-Comp der 1. Art.-Brig. 1. Pion.-Abth, 1. Abth. d.4.Inf.-R.Garn.-C., 1.Bat. 5.Ldw.-Regts.	Gymn., kath. Gymn. in der Vorstadt Alt-Schottland, Navigationsschule, Kunst- und Baugewerksschule, Hebammen-Lehr-Anst., 2 Waisen-, 3 Krankenhäuser, 4 Klöster.	bedeutender Hand., vorzüglich mit Getr-, Liqueur-, Tuch-, Watten-, Gewehr- und Zucker-Fabr., Schiffswerfte. — Bedeutende Festung.
—	Commandant, 1. Comm d. 1. Pion.-Abth. Besatzung aus Danzig.	—	Seehafen.
		—	Fort zur Beschützung des Hafens Neufahrwasser.
Sitz d. Fürstbischof von Ermeland.	—	Cistercienser-Kloster.	Stahl-, Eisen-, Kupferhammer.
—	—	ev. Schullehr.-Semin.	
P. E.	—	—	ein sehr schönes Dorf mit Fabrik-Anlagen.
L. u. St. G., P.E., F. J.	3. Esk. 1. Hus.-Regts. 2. Bat. 5. Ldw.-Regts.	Krankenhaus	Brantwbr., Lohgerb.
L. u. St. G., P. E.	—	—	Holzhandel.

Name des Orts.	Geographische Lage.	Anzahl der Privat-Wohnhäuser u. Größe der Kreise nach geogr. □.-Meilen.	Anzahl der Einwohner mit Militair.	Civil-Verwaltungs-Behörden.
D. Pelplin	a. d. Ferse.	—	394	—
6. Kreis Behrendt.	. .	23,29 □M	21,072	
St. Schöneck ... (poln. Skarzewo)	a. d. Ferse.	219	1,606	—
= Behrendt (9 M.)	a. d. Ferse.	164	1,318	Krst.
7. Kreis Karthaus.	. .	25,74 □M	25,909	
D. Karthaus oder Marien-Paradies (4½ M.)	an 2 Seen, a. welchen die Radaune entspringt.	—	324	Kreisort
8. Kreis Neustadt.	. .	26,27 □M	32,136	
St. Putzig ..... (poln. Putzki)	a. d. Putziger Wyk, einem Busen der Ostsee.	134	1,630	—
= Neustadt, früher Weyhersfrei (6¼ M.)	. .	136	1,380	Krst.
Städtchen Hela ...	auf d. Spitze d. Halb-Insel gl. Namens.	237	1,126	—
D. Zoppot	a. d. Ostsee.	—	350	—
IV. Reg.-Dep. Marienwerder.				
1. Kreis Stuhm.	. .	11,49 □M	24,355	
St. Christburg ..	a. d. Sorge.	236	2,107	—
= Stuhm (3 M.) ..	Insel in See Barlewitz.	100	850	Krst.
2. Kreis Marienwerder.	. .	16,85 □M	41,576	
St. Marienwerder . (poln. Kwidzin) (63 M. von Berlin.)	a. d. Liebe u. kl. Nogat.	424	4,869	Sitz der Regierung Krst.
= Mewe ..... (poln. Gniew)	a. d. Weichsel.	198	1,888	—
= Garnsee ... (poln. Sczlemmo)	zwisch. Seen.	98	812	—
3. Kreis Rosenberg.	. .	18,65 □M	31,933	
St. Riesenburg .. (poln. Prabutha)	a. d. Liebe.	312	2,550	—
= Deutsch Eylau .. (poln. Ilawa)	am Geserich-See.	159	1,492	—

Behörden. Justiz-, Post-, Zoll- und Steuer-, Forst-, Bergwerks- ꝛc. Behörden.	Militair-Behörden und garnisonirende Truppentheile.	Oeffentl. Anstalten, Universitäten, Gymnasien, höhere Schulen, Waisen-, Armen-, Kranken- u. Straf-Anstalten ꝛc.	Hauptgewerbe und vorhandene Merkwürdigkeiten.
Sitz des Bischofs von Culm, Domkapitel.	—	Priester-Seminarium, Cistercienser Kloster.	
L. u. St. G., P. E.	—	—	Tuch-, Leinwdweb., Wollhandel, Bierbr. u. Brantwbr.
L. u. St. G., P. E.	—	—	Bierbr., Brantwbr., Zeugw.
L. G.	—	—	Papiermühle, Eisenhammer.
L. u. St. G.	—	—	Schifffahrt, Fischerei.
L. u. St. G., P. E., F. J.	—	Kranken-Lazareth, Reformaten Mönchsklst.	Jahrmarkt, Bernsteingräb., Wallfahrtsort.
—	—	—	Fischerei, Leuchtthurm.
—	—	—	Seebad.
L. u. St. G., P. E.	—	Reformaten Mönchsklst.	Kornhand., Viehmarkt.
L. u. St. G.	—	—	In der Nähe Torfgräberei; altes Schloß.
O. L. G., St. G., L. G., Inquis., P. A., H. St. A., F. J.	—	Gymnasium, Prov.-Lazareth, Blindenanstalt.	Bierbr., Brantwbr., Tabacks-Fabriken; Marienwerdersche Niederung; westpreuß. Landgestüt.
L. u. St. G., P. A.	1. Abth. d. 2. Inv.-Comp.	—	Kornh., Bierbr., Brantw.
L. u. St. G., P. E.	—	—	Tuchweb., Bierbr.
L. u. St. G., P. E.	Stab u. 1. Esk. 5ten Cuir.-R.	—	Tuchweb., Obstbau; Wasserleitung 1728 angelegt.
St. G., P. E.	4. Esk. 5. Cuir.-Rgts.	—	Tuch- u. Hutmacher, Gerb.

Name des Orts.	Geographische Lage.	Anzahl der Privat-Wohnhäuser u. Größe der Kreise nach geogr. □-Meilen.	Anzahl der Einwohner mit Militair.	Civil-Verwaltungs-Behörden.
St. Rosenberg . . . (poln. Susz) (4 M.)	a. einem See.	167	1,201	Krst.
„ Freistadt . . . . (poln. Kisielice)	auf einem hohen Berge.	141	1,071	—
„ Bischofswerder . (poln. Biskupiecz)	a. d. Ossa.	140	998	—
4. Kreis Löbau.	. .	17,72 □M	24,321	
St. Löbau . . . . . (poln. Lubawa)	unweit d. Drewenz.	202	1,598	—
„ Neumark (8 M.) .	a. d. Drewenz	161	1,112	Krst.
„ Kauernick . . .	a. d. Drewenz	81	447	
5. Kreis Straßburg.	. .	23,82 □M	34,714	
St. Straßburg (9½ M.)	a. d. Drewenz.	237	2,356	Krst.
„ Gollub	a. d. Drewenz.	138	1,318	—
„ Lautenburg . . (poln. Lidzborg)	a. d. Welle.	141	1,305	—
„ Gurzno	am See gl. Namens.	194	1,144	—
6. Kreis Thorn.	. .	20,25 □M	37,360	
St. Thorn (14¼ M.) .	a. d. Weichsel	938	9,341	Krst.
„ Culmsee	a. einem See.	92	867	—
„ Schönsee (Kowalewo)	a. See gl. Nam.	61	464	—
„ Podgürz	a. d. Weichsel	40	365	—
7. Kreis Culm.	. .	15,91 □M	33,249	
St. Culm (9 M.) . .	unweit der Weichsel auf einem Berge	392	4,522	Krst.
„ Briesen.	zwischen zwei Seen	134	1,088	—
D. Ostrometzko . .	unweit der Weichsel.	—	129	—

Behörden. Justiz-, Post-, Zoll- und Steuer-, Forst-, Berg-werks-, rc. Behörden.	Militair-Behörden und garnisonirende Truppentheile.	Oeffentl. Anstalten, Universitäten, Gymnasien, höhere Schulen, Waisen-, Armen-, Kranken- u. Straf-Anstalten rc.	Hauptgewerbe und vorhandene Merkwürdigkeiten.
—	4. Esk. 1. Hus.-Rgts.	—	Bierbrauerei, Gerb.
St. G.	Det. d. 2. Inv.-Comp.	—	Bierbrauerei.
St. G., P. E.	2. Abth. d. 2. Inv.-Comp.	—	Tuch- u Hutmacher, Bierbr., Brantwbr.
L. u. St. G., P. E.	—	—	Tuchweb., Flachs- u. Leinwandhandel.
P. E.	—	—	Jahrmarkt, Tuchweb.
L. u. St. G., P. A., F. J.	—	Krankenhaus, Reformaten Mönchsklst.	Tuchweberei.
P. E.	—	—	Holz- u. Kornhand., Tuchw.
P. E.	—	—	Gute Topfwaaren, Papiermühle.
—	—	—	Holzflößerei.
L. u. St. G., Inquis., P. A., H. Z. A.	Commandt., 2. Bat. 37. Inf.-Rgts. 2. u. 7. Fuß-Comp. d. 5. Art.-Brig. Com. d. 5. Pion.-Abth. 2. u. 10 Div.- u. 19. Inf.-Rgts. Garns.-Comp. 3. Bat. 4. Ldw.-Rgts.	ev. Gymnas., Stadtkrankenhaus, Benediktiner Nonnenkloster.	Festung, Gerb., Getr.- und Holzhand., Honigkuchen, Denkmal d. Astron. Copernicus; hier geb. 19 Febr. 1473, gest. 24 Mai 1543.
P. E.	—	Correktionsh. für kathol. Geistliche.	Kathedrale.
—	—	—	Ackerbau.
—	—	Reformaten Mönchsklst.	Thorn gegenüber.
L. u. St. G., P. A.	Cadetten-Anstalt	kath. Vorschule, Krankenhaus, Dominik. Mönchskloster, Klost. der barmherzigen Schwestern, Missionar-Convent.	In der Nähe Torfgräberei.
P. A.			

Name des Orts.	Geographische Lage.	Anzahl: der Privat-Wohnhäuser u. Größe der Kreise nach geogr. □-Meilen.	Anzahl: der Einwohner mit Militair.	Civil-Verwaltungs-Behörden.
8. Kreis Graudenz.	. .	15,62 □M	36,042	
St. Graudenz ($4\frac{3}{4}$ M.) (poln. Grudziądz)	a. d. Weichsel	523	5,382	Krst.
= Lessen.	am Schloßsee	175	1,183	
= Rehden.	an einem See	103	913	—
9. Kreis Schwetz.	. .	28,45 □M	41,255	
St. Schwetz ($7\frac{3}{4}$ M.) (poln. Swiecie)	a. d. Weichsel	246	2,077	Krst.
= Neuenburg . . . (poln. Nowe)	am Einfluß der kleinen Montau in d. Weichsel	210	1,933	—
D. Oschie	in der Tuchelschen Haide	—	259	—
10. Kreis Konitz.	. .	41,81 □M	30,761	
St. Konitz (16 M.) . . (poln. Choynica)	. .	307	2,593	Krst.
= Tuchel	unweit der Brahe	186	1,367	
11. Kreis Schlochau.	. .	38,48 □M	31,371	
St. Pr. Friedland ($18\frac{3}{4}$ M.)	an der Dobbrinka	234	1,562	Krst.
= Schlochau . . .	an einem See	188	1,476	—
= Hammerstein . . (poln. Czarne)	a. d. Zahne	180	1,349	—
= Baldenburg . . (poln. Bialenbunskie)	zwischen zwei Seen	180	844	—
= Landeck	a. d. Küddow u. Dobbrinka	59	568	—
12. Kreis Flatow.	. .	27,48 □M	32,349	
St. Zempelburg . .	a. e. See u. d. Bach Zampolno	240	2,333	—
= Krojanke	a. d. Glumia oder Glumin	229	1,802	—
= Flatow (21 M.) . (poln. Zlotowo)	zwischen drei Seen	206	1,739	Krst.
= Camin . . . . . (poln. Kamina)	an der Camionka	118	768	—
= Vandsburg . . .	am See gleiches Namens	111	707	—
13. Kreis Deutsch-Krone.	. .	38,53 □M	34,767	
St. Jastrow	an der Wutzke, unw. d. Küddow	254	2,796	—

Behörden. Justiz-, Post-, Zoll- und Steuer-, Forst-, Bergwerks- rc. Behörden.	Militair-Behörden und garnisonirende Truppentheile.	Oeffentl. Anstalten, Universitäten, Gymnasien, höhere Schulen, Waisen-, Armen-, Kranken- u. Straf-Anstalten rc.	Hauptgewerbe und vorhandene Merkwürdigkeiten.
L. u. St. G., P. A., H. St. A.	Combdt., 33. Inf.-Rgt. Comm. d. 3. Abth. 3. reit- u. 9. 10. 11 Fuß-Comp 1. Art-Brig. Comm. d. 1. Pion-Abth 5. Inf.-R. Garns.-Comp 1. Bat. 21. Ldw.-Rgts.	kath. Vorschule, Simultanschule, Armenh, Straf- und Correktionsanstalt Benediktiner Nonnenkloster.	Festung, Bierbr, Brantwbr, Tabacksfabrik. Tuchweb, Getreidehandel.
—	—	—	ein altes Schloß.
L. u. St. G., P. E.	—	Landkrankenhaus.	Gerb., Getr.- u. Wollhand.
L. u. St. G., P. E.	Det. d. 2 Inv.-Comp.	—	Bierbr., Obstbau, ein altes Schloß.
P. E., F. J.			
L. u. St. G., P. A.	3. Bat. 1. Garde Ldw.-R.	kath. Gymnas., Krankenhaus	Tuch- u. Leinweb., Malzhand.
L. u. St. G., P. E.	—	—	Tuchweb.; große Tuchelsche Haide.
L. u. St. G., P. E.	—	—	Tuch- u. Leinweb., Korn- u. Malzhandel.
L. u. St. G., P. E., F. J.	—	—	Tuchweb, Handel.
P. E.	—	Synagoge	Getr.- u. Tuchhandel, Bienenzucht, Theerbrennerei.
L. u. St. G., P. E.	—	—	Tuchweberei.
—	—	—	Tuchweberei.
adl. Kreis-G.	—	—	Tuchweberei.
adl. Kreis-G.	—	Synagoge	Tuchweberei.
adl. Kreis-G., P. E.	—	—	Spitzenknöpp., Kornhandel.
—	—	—	Bierbrauerei, Branntwbr.
L. u. St. G., P. E.	—	—	Schifffahrt, Fischerei.
L. u. St G.-Inq., P. E., H St A.	—	Synagoge	bedeut. Viehmarkt, Tuchweb.

Name des Orts.	Geographische Lage.	Anzahl der Privat-Wohnhäuser u. Größe der Kreise nach geogr. Q.-Meilen.	Anzahl der Einwohner mit Militair.	Civil-Verwaltungs-Behörden.
St. Deutsch-Krone . (poln. Walcz) (27¼ M.)	zwisch. 2 Seen u. a. Judenfluß	289	2,424	Krst.
= Märk. Friedland .	am Hammerfluß	208	2,184	—
= Schloppe	an Seen	190	1,392	—
= Tütz oder Tietz . . (poln. Tuczno)	zwischen drei Seen in einem engen Thal	149	914	—
B. Provinz Posen.				
I. Reg.-Depart. Posen.				
1. Kreis Wreschen.	. .	12,99 QM	29,072	
St. Wreschen (6¼ M.) (poln. Wrzesnia)	. .	249	2,640	Krst.
= Miloslaw	. .	131	1,361	—
= Zerkowo	a. d. Lutinia	115	675	—
D. Strzalkowo . .	unfern d. poln. Gränze	—	326	—
= Pogorzelice . . .	a. d. Warthe	—	76	—
2. Kreis Pleschen.	. .	19,60 QM	45,613	
St. Pleschen (12¼ M.) (poln. Pleszew)	unfern der Prosna	354	2,828	Krst.
= Jarotschin (Jaroczyn)	unw. d. Lutinia	168	1,462	—
= Neustadt . . . . . (poln. Novomiasto)	a. d. Warthe	76	838	—
= Mieszkowo . . .	a. d. Lubieska	90	617	—
3. Kreis Schrodda.	. .	18,67 QM	38,209	
St. Schrodda (4 M.) (poln. Szroda)	. .	288	1,657	Krst.
= Pudewitz . . . . (poln. Pobiedzisko)	auf e. Berge	181	1,479	—
= Santomischl . . . (poln. Zaniemysl)	unweit der Warthe	150	1,380	—
= Kostrschin . . . . (poln. Kostrzyn)	. .	128	848	—
4. Kreis Schrimm.	. .	19,01 QM	40,468	
St. Kurnik (poln. Kòrnik)	an Seen	216	2,342	
= Schrimm (5⅞ M.) . (poln. Szrem)	a. d. Warthe	241	2,176	Krst.
= Bnin	an Seen	150	1,190	—
= Dolzig . . . . . (poln. Dolsk)	zwischen Seen	145	1,014	—
= Kschions . . . . (poln. Xiąz)	unweit der Warthe	104	937	—

Behörden. Justiz-, Post-, Zoll- und Steuer-, Forst-, Bergwerks- rc. Behörden.	Militair-Behörden und garnisonirende Truppentheile.	Oeffentl. Anstalten, Universitäten, Gymnasien, höhere Schulen, Waisen-, Armen-, Kranken- u. Straf-Anstalten rc.	Hauptgewerbe und vorhandene Merkwürdigkeiten.
L. u. St. G., P. A., F. J.	—	kathol. Vorschule	Muränen aus dem Radunsee.
adl. Kreisg., P. A.	—	Synagoge	Tuch-, Leinweb.; viel Juden.
L. u. St. G., P. E.	—	—	Tuchweb., sandige Gegend.
St. G.	—	—	Wollweberei.
F. G., P. E.	—	—	Gerberei; viel Juden.
—	—	—	Gerberei, Tuchweberei.
—	—	—	Bierbrauerei, Branntwbr.
Gränz-P. A., H. Z. A.			
H. Z. A.			
P. E.	—	—	Tuch- u. Tabacksfabr., Pottaschsiederei.
F. G.	—	—	Viehmarkt.
—	—	—	Papiermühle, Gerb., Viehmarkt.
—	—	—	Gerberei, Tuchweberei.
F. G., P. E.	—	Collegiatstift, Dominik.-Klst.	viel Juden.
P. E.	—	—	in einer bergigten Gegend.
P. E.	—	—	viel Juden.
—	—	—	Damast- u. Tischgedeckweb.
F. G.	—	Franziskaner Mönchskloster, desgl Nonnenkloster.	Leinwand-, Getrmarkt.
—	—	—	Gerb., Tuchfabr.
—	2. Bat. 19. Ldw.-Rgts.	—	Gerb., in einer bergigten u. waldigten Gegend.
P. E.	—	—	Gerb., Tuchfabr.

Name des Orts.	Geographische Lage.	Anzahl der Privat-Wohnhäuser u. Größe der Kreise nach geogr. Q.-Meilen.	Anzahl der Einwohner mit Militair.	Civil-Verwaltungs-Behörden.
St. Moschin . . . . (poln. Moszyn)	unweit der Warthe	123	865	—
„ Jaratschew . . . (poln. Jaraczewo)	unfern der Obra	78	693	—
5. Kreis Kosten.	. .	22,62 QM	41,757	
St. Schmiegel . . . (poln. Szmygiel)	auf einem Hügel	244	2,245	—
„ Kosten (6 M.) . . (poln. Koscian)	an der Obra	212	1,620	Krst.
„ Kriewen . . . . (poln Krzywin)	an der Obra	117	694	
„ Tschempin . . . (poln. Czempin)	. .	102	769	—
„ Wielichowo . . .	am Obrabruch	106	648	
6. Kreis Buk.	. .	17,48 QM	37,969	
St. Grätz . . . . . (poln. Grodzisko)	. .	344	3,198	—
„ Neustadt (Lwowek)	. .	189	1,966	—
„ Buk (4½ M.) . .	. .	219	1,834	Krst.
„ Opalenitz (Opalenica)	. .	142	983	
„ Neu Tomysl . .	. .	79	637	—
7. Kreis Posen.	. .	20,25 QM	62,172	
St. Posen (poln. Poznan) (35½ Meile von Berlin.)	an der Warthe	1,151	22,829	Sitz des Statthalters u. des Ob.-Präs. vom Großherzogth. Posen, Sitz der Regier., Krst.
„ Schwersenz . . . (poln. Swarzendz)	an einem See	364	2,646	—
„ Stenszewo . . .	an einem See	122	894	—
Fl. Owinsk od. Lowinsk	an der Warthe	—	1,041	—
8. Kreis Obernick.	. .	20,55 QM	35,620	
St. Rogasen (Rogosno)	an einem See	367	3,877	—
„ Lang-Goslin . . (poln. Murawanna Goslina)	unweit der Warthe	108	1,264	—

Behörden. Justiz-, Post-, Zoll- und Steuer-, Forst-, Bergwerks- 2c. Behörden.	Militair-Behörden und garnisonirende Truppentheile.	Oeffentl. Anstalten, Universitäten, Gymnasien, höhere Schulen, Waisen-, Armen-, Kranken- u. Straf-Anstalten 2c.	Hauptgewerbe und vorhandene Merkwürdigkeiten.
F. J.	—	—	Leinweb., Töpfer.
—	—	—	Pottaschsiederei.
P. E.	—	—	Leinweber.
F. G.	4. Esk. 6. Ulan.-Rgts.	Bernhardin.-, Dominikaner Mönchskloster	Leinweber; gut gebaut.
—	—	—	Leinweber.
P. E.	—	Bernhardiner Mönchskloster	Gerb., Tuchweb., berühmte Bierbrauerei.
—	—	—	Gerb., Tuchw., Kornmarkt.
F. G.	—	—	Tuchfabr., Gerberei.
—	—	—	Gerberei, Tuchweberei.
Ob. App. G., L. G., F. G., Inquisit., Ober-P. A., Prov.-St. Dir., H. St. A., Sitz des Erzbischofs von Posen und Gnesen, Domkapitel.	Comm. d. 5. Arm.-Crps Comm. d. 10. Div., 10. Inf.-, 10. Kav.-, 10. Ldw.-Brig., Combtur. Stab und 2. Bataillon 18. Inf.-Rgts. Stab, 2. u. Füs.-Bat. 19. Inf.-Rgts. Stab u. 2. Esk. 6. Ulan.-R. Stab, Comm. d. 1. Abth. 1. reit. u. 1. 3. 4. Fuß-Comp. 1. Art.-Brig. Comm. d. 5. Pion.-Abth. Ldw.-Bat. 38. Inf.-R.	Priester-Semin., Collegiatstift, kathol. Gymn., kathol. Schullehr.-Semin., Hebammen-Lehranstalt, Krankenhaus, 5 Klöster.	Gerb., Lein- u. Drillichweb., Tabacksfabr., Wachsfabr., Oelschlägerei.
P. E.	—	—	Gerb., Leinweb., Tuch- u. Tabacksfabr.
P. E.	—	—	Wollweberei.
—	—	ehemaliges Cistercienser-, jetzt gemeinschaftliches Nonnenkloster.	
F. G., P. E.	—	—	Tuchweberei, Jahrmarkt.
P. E.	—	—	Gerb., Leinw., Tabacksfabr.

Name des Orts.	Geographische Lage.	Anzahl der Privat-Wohnhäuser u. Größe der Kreise nach geogr. □-Meilen.	Anzahl der Einwohner mit Militair.	Civil-Verwaltungs-Behörden.
St. Obernick (3½ M.) (poln. Obornik)	a. der Warthe	133	1,167	Krst.
: Ryczywol . . .	. .	83	675	—
9. Kreis Samter.	. .	20,09 □M	34,073	
St. Obersitzko . . . (poln. Obrzycko)	an der Warthe	202	1,812	—
: Wronke . . . . (poln. Wronki)	an der Warthe	223	1,775	—
: Samter (5 M.) . (poln. Szamatuly)	. .	181	1,599	Krst.
: Pinne (poln. Pniewy)	an einem See	145	1,284	—
: Neubrück . . . . (poln. Novymost)	an der Warthe	78	580	—
: Scharfenort . . (poln. Ostorog)	an einem See	94	531	—
10. Kreis Birnbaum.	. .	25,46 □M	31,546	
St. Schwerin . . . (poln. Skwierzyna)	unweit des Einflusses der Obra in die Warthe	340	4,032	—
: Birnbaum (10¾ M.) (poln. Miedzychod)	an der Warthe	227	2,092	Krst.
: Zirke (poln. Sierakow)	an der Warthe	138	1,586	—
: Blesen (poln. Bledzew)	an der Obra	112	905	—
: Kaehme . . . . (poln. Kimionna)	unweit der Warthe	85	550	—
11. Kreis Meseritz.	. .	22,3 □M	30,955	
St. Meseritz (13½ M.) (poln. Miendzyrzecz)	an der Obra	388	3,941	Krst.
: Alt- : Neu- } Tirschtiegel (poln. Stary Nowy } Trzciel	an der Obra	264	1,896	—
: Bräz . . . . . (poln. Broica)	an der faulen Obra	189	1,374	—
: Bentschen . . . (poln. Zbącyn	an der Obra	172	1,221	—
: Betsche . . . . (poln. Pszewo)	unfern der Obra	140	1,060	
Kloster Paradies . .	am Pachlitzfl.	—	—	—
12. Kreis Bomst.	. .	19,09 □M	37,841	
St. Bomst . . . . . (poln. Babimost)	an der faulen Obra	286	1,969	—
: Wolstein (9¾ M.) . (poln. Wolsztyn)	an einem See	159	1,933	Krst.

Behörden. Justiz-, Post-, Zoll- und Steuer-, Forst-, Bergwerks- rc. Behörden.	Militair-Behörden und garnisonirende Truppentheile.	Oeffentl. Anstalten, Universitäten, Gymnasien, höhere Schulen, Waisen-, Armen-, Kranken- u. Straf-Anstalten rc.	Hauptgewerbe und vorhandene Merkwürdigkeiten.
	—	—	Tuch- u. Leinweberei.
—	—	—	Tuchfabr., Leinweb., Töpfer.
—	—	Dominikaner Mönchskl.	Gerb., Leinw., Wolltuchfabr.
F. G., P. E.	Ldw. Bat. 34. Inf.-Rgts.	Collegiatstift, Reformaten Mönchskl.	Gerberei, Leinweberei.
P. E.			
—	—	—	Tuchweberei.
P. E.	—	—	Tuchw., Bierbr., Brantwbr.
F. G., P. E.	—	Waisenhaus, Synagoge.	Tuchweberei.
P. E.	—	—	Tuchweberei.
L. G., F. G., P. A., H. St. A., F. I.	—	—	Gerberei, Strumpfwirker, Tuchweberei.
—	2. Abth. 10. Inv. Comp.	—	Tuchweberei, Tabacksfabr., Papiermühle.
—	—	—	Tuchweberei.
—	1. Abth. 10. Inv. Comp.	—	Tuchweberei, Ackerbau.
—	—	Commendatur-Abtei, Cisterciens. Mönchskloster.	
—	—	—	Hopfenbau, Tuchweberei, Schuhmacherarbeiten.
F. G., P. E.	—	—	Tuchweberei.

Name des Orts.	Geographische Lage.	Anzahl der Privat-Wohnhäuser u. Größe der Kreise nach geogr. □-Meilen.	Anzahl der Einwohner mit Militair.	Civil-Verwaltungs-Behörden.
St. Karge oder Unruhstadt (poln. Kargowa)	an der faulen Obra	281	1,897	—
„ Rackwitz	auf einer Höhe	181	1,190	—
„ Köpnitz .... (poln. Kopanice)	a. d. Obra	117	685	—
„ Kiebel	im Obrabruch	96	685	—
„ Rothenburg .. (poln. Rostarzewo)	. .	94	577	—
Dorf u. Kl. Obra ..	a. d. Obra	—	647	—
13. Kreis Fraustadt.	. .	18,01 □M	51,718	
St. Poln. Lissa .. (poln. Leszno)	unfern des Landgrabens	754	7,461	—
„ Fraustadt (11 M.) (poln. Wschowa)	desgleichen	742	5,742	Krst.
„ Schwetzkau .. poln. Szwięciechowo)	. .	221	1,443	—
„ Reisen ..... (poln. Rydzyna)	am Landgrabenfließ	152	1,240	—
„ Storchnest ... (poln. Osieczno)	an einem See	161	1,112	—
„ Zaborowo ...	½ M. südlich Lissa	166	920	—
„ Schlichtingsheim (poln. Szlichtyngowo)	zwis. d. Landgraben, der Bartsch u. Oder	131	817	—
14. Kreis Kröben.	. .	18,09 □M	59,502	
St. Rawitsch (15½ M.) (Rawicz)	unw. d. Einfl. d. Dombrozna in die Orla	973	7,559	Krst.
„ Bojanowo ...	an der schlesischen Grenze	403	2,870	—
„ Gostyn	unfern der Obra	225	1,651	—
„ Punitz (poln. Poniec)	a. Landgraben	268	1,605	—
„ Jutroschin ... (poln. Jutroszyn)	an der Orla	219	1,607	—
„ Sarne .... (poln. Sarnowa)	unf. d. Dombrozna	172	1,399	—
„ Görchen .... (poln. Mieyska Gorka)	an der Dombrozna	229	1,337	—
„ Kröben (poln. Krobia)	unf. d. Landgr.	206	1,102	
„ Dupin (poln. Dubino)	a. ein. Berge an der Orla	80	499	
„ Sandberg ... (poln. Piaski)	unw. d. Obra	49	520	—

Behörden. Justiz-, Post-, Zoll- und Steuer-, Forst-, Bergwerks- ꝛc. Behörden.	Militair-Behörden und garnisonirende Truppentheile.	Oeffentl. Anstalten, Universitäten, Gymnasien, höhere Schulen, Waisen-, Armen-, Kranken- u. Straf-Anstalten ꝛc.	Hauptgewerbe und vorhandene Merkwürdigkeiten.
P. A.	Ldw.-Bat. 33. Inf. Rgts.	—	Tuchweb., Viehmarkt.
—	—	—	Getreidemärkte.
—	—	—	Tuchweberei.
—	—	—	Tuchweberei.
—	—	Cistercienser-Mönchskl.	
F. G., P. A. H. St. A.	3. Bat. 3. Garde-Ldw.-R., Stab u 2 Esk. 7. Hus. R., 1s Bat. 14. Ldw. Regts.	Gymnasium.	Tuch-, Tabacks-, Wagenfab., bunte Leinwandweb., Gerberei, Wachsbleiche.
L. G., F. G., Inquis., P. A.	Füs. Bat. 18. Inf Regts.	Gymn., Waisenh.; Bernhard. Mönchskloster.	Tuch-, Zichorienfabr., Gerberei, Tischzeugweberei.
—	—	—	Drillichfabriken.
—	—	Piaren-Instit.	bunte Leinwand, Tuchfabr.; (dem Fürsten von Sulkowski gehörig.)
—	—	Reformaten-Mönchskl.	halbwollene, buntgestreifte Waaren.
—	—	—	Tuchfabriken.
—	—	—	Hausleinw.-, Tabacksfabr.
F. G., P. A.	1. Bat. 18. Inf.-Regts.	Strafanstalt, Synagoge.	Tuchfabr., Tuchhand, Leinweb., Gerb., Tabacksfabr. Töpfer; regelmäßig gebaut.
F. G., P. E.	—	Gymnasium.	bedeutende Tuchfabr., Töpfer, Gerb., Oelschlägerei.
F. G.	—	Philippinen-Congregation.	Leinw., Töpfer, Viehmarkt.
—	—	—	Leinw., Stärkefabr., Viehm.
—	—	—	Leinweberei.
—	—	—	Leinweb., Gerb., Viehhand.
—	—	—	Leinweb., Töpfer, Oelschläg.
—	—	—	größtentheils Juden.

Name des Orts.	Geographische Lage.	Anzahl der Privat-Wohnhäuser u. Größe der Kreise nach geogr. □-Meilen.	Anzahl der Einwohner mit Militair.	Civil-Verwaltungs-Behörden.
15. Kreis Krotoschin.	. .	18,83 □M	51,067	
St. Krotoschin (12 M.)	. .	636	5,334	Krst.
= Zduny	a.d.schles.Grenze	427	3,208	—
= Koschmin . . . (poln. Kozmin)	an der Orla	344	2,428	—
= Kobylin	an der Orla	249	1,900	—
= Borek	. .	195	1,626	—
= Pogorschell . . (poln. Pogorzelly)	. .	146	835	
= Dobberschütz . . (poln. Dobrzyce)	unweit der Lutinia	117	780	—
16. Kreis Adelnau.	. .	16,74 □M	39,823	
St. Ostrowo (15 M.) .	unfern des Olabokbachs	350	3,740	Krst.
= Sulmirschütz . . (poln. Sulmierzyce)	unfern der Bartsch	277	1,890	—
= Adelnau . . . (poln. Odolanow)	a. d. Bartsch	151	1,258	—
= Raschkow . . . (poln. Raczkow)	am Olabok	125	1,029	—
17. Kreis Schildberg.	. .	16,84 □M	45,074	
St. Kempen . . . . (poln. Kempno)	an der schles. Grenze	461	3,062	—
St. Schildberg (18 M.) (poln. Ostrzeszow)	. .	187	1,738	Krst.
= Grabow	a. d. Prosna	150	1,236	—
= Mixstadt . . . (poln. Mixtat)	. .	137	1,107	
= Baranow . . .	1 M. s. d. Kempen	103	736	
Mfl. Kobylagora . .	a.d.schles.Grenze	—	160	
D. Podzamce . . .	an der poln. Grenze	—	72	
II. Reg.-Depart. Bromberg.				
1. Kreis Czarnikow.	. .	27,31 □M	41,439	
St. Schönlanke . . (poln. Trcionka)	unweit der Netze	351	3,378	—
= Filehne . . . . (poln. Wielen)	an der Netze	270	3,072	—
= Czarnikow ($14\frac{1}{2}$ M.)	an der Netze	326	2,264	Krst.
= Radolin	unweit der Netze	82	717	
Mfl. Lubasch . . . . (poln. Lubasz)	unfern der Netze	—	603	

Behörden. Justiz-, Post-, Zoll- und Steuer-, Forst-, Berg-werks- ꝛc. Behörden.	Militair-Behörden und garnisonirende Truppentheile.	Oeffentl. Anstalten, Universitäten, Gymnasien, höhere Schulen, Waisen-, Armen-, Kranken- u. Straf-Anstalten ꝛc.	Hauptgewerbe und vorhandene Merkwürdigkeiten.
L. G., F. G. P. A.	4. Esk. 7. Hus. Regts. 3. Bat. 19. Ldw. Regts.	—	Tabackfabr., Gerb., Zichorienfabr., Wollhand.; Fürstenth. Krotoschin, Erbmannslehn d. F. v. Thurn u. Taxis.
P. E.	—	—	Gerb., Tabacksfabr., Tuchw.
Inquisit., P. E.	—	—	Kornhandel.
P. E.	—	Bernhardiner Mönchskloster	Jahrmärkte; in einer niedrigen Gegend.
—	—	—	Gerberei, Pottaschsiederei, Tabacksfabriken.
—	—	—	neugebautes herrschaftliches Schloß.
F. G., P. E.	1. Esk. 7. Hus. Regts.	—	Tuchweberei.
—	—	—	Oelschlägerei,
—	—	—	Gerberei, in einer waldigen sumpfigen Gegend.
—	—	—	Gerberei.
F. G., P. A.	—	—	Wollfabr., Wachsbleiche, Tabacksfabr., Pferdehandel,
P. E.	—	Bernhardiner Mönchskloster.	Gerberei.
P. E.	—	Franziskaner Mönchskloster.	Gerberei, in der Nähe Eisenhütten.
H. Z. A.			
F. G., P. E.	—	—	bedeut. Tuchweberei, Glashütte im Dorfe Behle.
F. G., P. A.	—	—	Tuchweberei, Gartenbau.
—	—	Collegiatstift	Tuchweberei.
—	—	—	Tuchweberei.

Name des Orts.	Geographische Lage.	Anzahl der Privat-Wohnhäuser u. Größe der Kreise nach geogr. Q.-Meilen.	Anzahl der Einwohner mit Militair.	Civil-Verwaltungs-Behörden.
2. Kreis Chodziesen.	. .	19,99 QM	32,185	
Schneidemühl . . (poln. Pila)	a. d. Küddow	346	2,505	—
" Chodziesen. (11½ M.) (poln. Chodziesz)	1 Meile von der Netze	292	2,441	Krst.
" Margonin . . .	an einem See	183	1,745	—
" Samotschin . . (poln. Zamoczyn)	am Netzbruch	151	1,197	—
" Budzyn	. .	145	1,134	—
" Uscz	am Einfluß d. Küddow in die Netze	120	910	—
3. Kreis Wirsitz.	. .	21,57 QM	31,227	
St. Lobsens . . . . (poln. Lobsanico)	an der Lobsonka	207	2,105	—
" Nakel	an der Netze, nicht weit vom Anfange d. Bromberger Canals	172	1,765	—
" Mrotschen . . . (poln. Mroczem)	unweit der Rakitka	112	964	—
" Wisseck . . . . (poln. Wysoka)	am Fuß eines hohen Berges	71	626	—
" Wirsitz (7 M.) . . (poln. Wyrzysk)	an der Lobsonka unw. der Netze	52	489	Krst.
" Städtchen . . . (poln. Miastezko)	am Netzbruch	48	443	—
4. Kreis Bromberg.	. .	26,22 QM	40,519	
St. Bromberg . . (47 M. von Berlin.) (poln. Bydgoscz)	an der Brahe und dem Bromberger Kanal	563	6,259	Sitz der Regierung, Krst.
" Fordon	a. d. Weichsel	193	2,110	—
" Poln. Krone . . (poln. Coronowo)	an der Brahe	254	1,633	—
" Schulitz	a. d. Weichsel	52	416	
5. Kreis Schubin.	. .	20,7 QM	33,397	
St. Labischin . . .	an der Netze	221	2,009	—

Behörden. Justiz-, Post-, Zoll- und Steuer-, Forst-, Bergwerks- ꝛc. Behörden.	Militair-Behörden und garnisonirende Truppentheile.	Oeffentl. Anstalten, Universitäten, Gymnasien, höhere Schulen, Waisen-, Armen-, Kranken- u. Straf-Anstalten ꝛc.	Hauptgewerbe und vorhandene Merkwürdigkeiten.
L. G., P. A.	—	—	Tuchweb., Spitzenknöpp.
F. G., H. St. A.	—	—	Tuchw., Boy, Spitzenknöpp.
P. E.	—	—	Tuchweb., Boy.
—	—	—	Tuchweberei.
—	—	—	Ackerbau.
—	—	—	Fischerei, Schifffahrt.
F. G.	—	in der Nähe das Bernhardiner Nonnenklost. Görka.	Tuchweberei, viel Juden.
P. E.	3. Esk. 6. Ulanen-Regts.	—	Kornhandel.
—	—	—	Ackerbau, in einer fruchtbaren Gegend.
—	—	—	Ackerbau.
P. E.	—	—	Ackerbau.
—	—	—	Ackerbau.
L. G., F. G., P. A, H. St. A., F. J.	1. Bat. 37. Inf.-Regts. 2. Bat. 14. Ldw.-Regts.	Gymnasium, Seminarium für Stadt- u. Landschullehrer, bürgerliches Krankenhaus, Correktions- und Land-Armenhaus, 2 Klöster.	Zuckersiederei, Tabacksfabr., Leinweberei, Schifffahrt, Handel; Kalkbrennerei, und Königl. Eisen-Magazin.
—	—	—	Kornhandel, Spedition, Schifffahrt.
Inquis., F. G., P. E.	—	Frohnveste	von Sandbergen eingeschlossen.
—	—	Reformaten Mönchskl.	Holzhand., Tuchweb.

Name des Orts.	Geographische Lage.	Anzahl der Privat-Wohnhäuser u. Größe der Kreise nach geogr. Q.-Meilen.	Anzahl der Einwohner mit Militair.	Civil-Verwaltungs-Behörden.
St. Exin . . . . . (poln. Ksynia)	auf einer Höhe	211	1,815	—
= Schubin ($3\frac{1}{2}$ M.) (poln. Szubin)	an der Gonsawke	191	1,726	Krst.
= Znin	zwisch. 2 Seen	177	1,261	
= Rohrbruch . . . (poln. Rynarzewo)	an der Netze	83	695	
= Bartschin . . . (poln. Barczin)	an der Netze	61	646	—
= Gonzawa. . . .	an einem See	45	350	—
6. Kreis Jnowrazlaw.	. .	30,09 QM	43,225	
St. Jnowrazlaw oder Jung-Breslau (8 M.)	unfern des Goplo-Sees	375	3,882	Krst.
= Strszelno . . .	desgleichen	158	1,234	—
= Gniewkowo . .	auf einer Höhe	87	845	—
= Kruschwitz . . (poln. Kruswica)	am Goplo-See	24	206	—
7. Kreis Mogilno.	. .	17,41 QM	28,968	
St. Trzemessno . .	an einem See	228	1,695	—
= Mogilno ($7\frac{1}{4}$ M.)	an einem See	93	765	Krst.
= Pakosz	an der Netze	101	758	—
= Gembitz . . . . (poln. Gembice)	. .	76	641	—
= Kwieciszewo . .	. .	56	532	—
= Willatowo . . .	zwisch. 2 Seen	66	421	—
= Rogowo	an einem See	32	357	
8. Kreis Gnesen.	. .	23,41 QM	43,613	
St. Gnesen ($10\frac{1}{2}$ M.) (poln. Gniezno)	zwischen Seen und Hügeln	401	5,194	Krst.
= Witkowo . . .	. .	182	1,827	—
= Powidz	an einem großen u. tiefen See	122	1,057	—
= Kletzk . . . . (poln. Klecko)	zwisch. 2 Seen	127	960	—
= Tschernigew . . (poln. Czerniejewo)	. .	97	944	—
= Kiszkowo . . .	a. d. kl. Warte	24	381	—
= Mielszyn . . .	. .	34	351	—
= Zydowo	. .	29	256	—

Behörden. Justiz-, Post-, Zoll- und Steuer-, Forst-, Bergwerks- ꝛc. Behörden.	Militair-Behörden und garnisonirende Truppentheile.	Oeffentl Anstalten, Universitäten, Gymnasien, höhere Schulen, Waisen-, Armen-, Kranken- u. Straf-Anstalten ꝛc.	Hauptgewerbe und vorhandene Merkwürdigkeiten.
P. E	—	Karmeliter-Mönchskl.	Gnadenbild und Wallfahrtsort.
F. G.	—	—	Ackerbau.
—	—	—	Ackerbau.
P. E.			
—	—	—	Ackerbau, in einer angenehmen fruchtbaren Gegend.
F. G., P. A.	1. Esk. 6. Ulan.-Regts.	Synagoge	Getr. u. Holzhand., in einer fruchtbaren Gegend.
P. E.	—	Norbertiner Nonnenkl.	
P. E.	—	—	in einer fruchtbaren Gegend.
—	—	Collegiatstift	Piast's Geburtsort.
F. G.	—	Stiftsschule, Kloster	Tuchweberei.
—	—	Benedikt Mönchskl.	
—	—	Reformaten Mönchskl.	in einer romantischen Gegend, der von Jerusalem ähnlich, Wallfahrtsort.
—	—	—	Tuchweberei.
—	—	—	Ackerbau.
—	—	—	Ackerbau.
L. G., F. G., P. A., F. J., Domkapitel.	1. Bat. 19. Inf.-Regts. Ldw.-Bat. 37. Inf.-R.	Priester Sem, zwei Klöster.	Tuchweb., Vieh u. Pferdemarkt, eine sehr alte Stadt.
—	—	—	Ackerbau.
—	—	—	Ackerbau.
—	—	—	Ackerbau.
—	—	—	Tuchweberei.
—	—	—	Ackerbau.
—	—	—	Ackerbau.
—	—	—	Ackerbau.

Name des Orts.	Geographische Lage.	Anzahl der Privat-Wohnhäuser u. Größe der Kreise nach geogr. Q.-Meilen.	Anzahl der Einwohner mit Militair.	Civil-Verwaltungs-Behörden.
9. Kreis Wongrowitz.	. .	52,31 Q.M.	32,425	
St. Wongrowitz (9½ M.) (poln. Wągrowiez)	a. d. Welna	139	1,345	Krst.
„ Schocken . . . (poln. Skoki)	an der kleinen Warta	120	1,099	—
„ Gollantz . . . (poln. Gollancz)	. .	92	837	—
„ Lopinno . . . . (poln. Lopienno)	an einem See	72	500	—
„ Lekno	an einem See	53	457	
„ Mieczisko . . .	a. d. Welna	54	373	—
„ Jannowitz . . . (poln. Janowice)	a. d. Welna	44	314	—
„ Schernik . . . . (poln. Zierniki)	a. d. Welna	30	166	
C. Provinz Brandenburg.				
I. Reg.-Dep. Potsdam.				
1. Kreis Prenzlau.	. .	21,05 Q.M.	40,461	
St. Prenzlau (17½ M.)	am Fl. u. See Uecker	885	8,772	Krst.
„ Straßburg . . .	am Bach gl. Namens.	458	3,016	—
„ Brüssow	am See gl. Namens	116	864	—
Mfl. Fürstenwerder .	zwischen zwei großen Seen	120	1,245	
2. Kreis Templin.	. .	26,45 Q.M.	32,131	
St. Templin (13 M.)	a. Dolgen See	333	2,749	Krst.
„ Zehdenick . . .	a. d. Havel	282	2,367	—
„ Lychen	an Seen	174	1,261	—
Mfl. Boitzenburg . ;	am Quillow-flüßchen und zwisch. vielen Seen	77	620	—
„ Gerswalde . .	an einem See	80	497	
„ Gr. Fredenwalde	. .	50	326	

Behörden. Justiz-, Post-, Zoll- und Steuer-, Forst-, Bergwerks- rc. Behörden.	Militair-Behörden und garnisonirende Truppentheile.	Oeffentl. Anstalten, Universitäten, Gymnasien, höhere Schulen, Waisen-, Armen-, Kranken- u. Straf-Anstalten rc.	Hauptgewerbe und vorhandene Merkwürdigkeiten.
F. G., P. E.	—	Commendatur-Abtei, Cistercienser Mönchkloster.	
—	—	—	Tuchweberei.
—	—	Bernhardiner Mönchkl.	
—	—	—	Ackerbau.
—	—	—	Ackerbau.
—	—	—	Ackerbau.
St. G., P. A.	Füs.Bat. 24. Inf.-Rgts. 6. Inv.-Comp., 2. Bat. 8. Ldw.-Rgts.	Gymnasium, Landarmenh.	Wollen-, Baumwollen-, Leinwand-, Taback-, Papier-, Lederfabr.; franz. Colonie.
St. G., P. E.	—	—	Tabacksbau, Tuch- u. Leinweberei.
Justizamt.	—	—	Ackerbau; offener Ort.
St. G., P. A.	—	Hospital	Woll- u. Leinweb., Brantweinbr., Holzhandel.
L. u. St. G., P. A., F. J.	—	Fräuleinstift, Hospital	Tuchfabr., Tabacksbau und Tabacksfabr., Eisenhüttenwerke, Schifffahrt, Schiffbau.
St. G, P. A.	—	—	Woll- u. Leinweb., Fischerei; offener Ort
—	—	—	Schifffahrt, Holz- u. Kornhandel; herrschaftl. Schloß und Park, dem Grafen v. Arnim gehörig.

Name des Orts.	Geographische Lage.	Anzahl der Privat-Wohnhäuser u. Größe der Kreise nach geogr. Q.-Meilen.	Anzahl der Einwohner mit Militair.	Civil-Verwaltungs-Behörden.
3. Kreis Angermünde.	. .	23,72 □M	41,527	
St. Schwedt . . .	a. d. Oder	368	4,502	—
" Angermünde (Neu-Angermünde) (14 M.)	an einem See	374	3,004	Krst.
" Oderberg . . .	a. d. Oder	181	2,172	—
" Joachimsthal .	am See Werbellin	188	1,250	—
" Vierraden . . .	am Einfl. der Welse in d. Oder	128	1,034	—
" Greiffenberg . .	a. d. Sarnitz	110	1,000	—
Mfl. Stolpe	a. d. Oder	56	292	—
4. Kreis Ober-Barnim.	. .	21,54 □M	43,655	
St. Wriezen	am Oderbruch	433	4,699	—
" Neustadt-Eberswalde . . .	a. d. Finow	350	3,394	—
" Straußberg . .	am Straußen-See	263	3,160	—
" Freienwalde (11¾ M.)	a. d. Oder	283	2,650	Krst.
" Biesenthal . . .	a. d. Finow	130	1,217	—
Mfl Werneuchen . .	. .	75	445	—
D. Hegermühle . .	a. d. Finow	—	187	—
" Mögelin	1 Meile südwestlich von Wriezen	—	133	—
5. Kreis Nieder-Barnim. (Das Landr.-Amt ist in Berlin)	. .	33,22 □M	42,895	
St. Bernau (7 M.) .	a. d. Panke	283	2,760	—

Behörden. Justiz-, Post-, Zoll- und Steuer-, Forst-, Bergwerks- rc. Behörden.	Militair-Behörden und garnisonirende Truppentheile.	Oeffentl. Anstalten, Universitäten, Gymnasien, höhere Schulen, Waisen-, Armen-, Kranken- u. Straf-Anstalten rc.	Hauptgewerbe und vorhandene Merkwürdigkeiten.
Just.-Kammer, P. A., F. J.	Stab, 1. u. 2. Esk. 2ten Dragon.-Regts.	Hospital	bedeutender Tabacksbau u. Tabackshand.; Königl. Schloß; franz Kolonie; gut gebaut.
St. G., P. A.	—	—	Tuch- u. Leinweb., wollene Zeug, Tabacksbau.
St. G.	—	—	Fischerei, Schifffahrt, Viehzucht.
—	—	—	gehört dem Joachimsthalschen Gymn. zu Berlin, welches hier gestiftet wurde; Ziegelbrennereien von Bedeutung.
—	—	—	Tabacksbau, Tabacksfabr., Ackerbau.
—	—	—	Strohhutmach., Tabaksbau, Töpfer; offener Ort.
—	—	—	dem Hr. v. Buch gehörig.
L. u. St. G., P. A.	4. Esk. 2. Drag.-Regts. 3. Bat. 8. Ldw.-Regts.	—	Tuch- u. Strumpfweb., Fabr. von Metallschnallen, Fischhand., in einer sehr fruchtbaren Gegend.
St. G., P. A., H. St. A., F. J.	—	—	Mineralbad, Metallfabr. in der Gegend, Messer-, Papierfabr., Kupferhammer, Messingwerk; Schweitzer- u. Ruhler-Kolonie.
St. G., P. A.	2. Abt. d. 2. Garde-Inv. Comp.	Landarmen-, u. Invalidenh.	Wollweb., Baumwollfabr.
L. u. St. G, P. A.	—	—	Mineralbad, Alaunwerk, Glaubersalz, rothe Farbefabrik.
Justiz-Amt P. E.			
—	—	—	Messingwerk.
—	—	—	landwirthschaftl. Institut des Staatsraths Thaer.
St. G.	—	—	Bierbr., Tuch-, Seiden-, Leinwandfabr.; französ. Kolonie; Schlacht 1432 gegen die Hussiten, deren erbeutete Rüstungen auf dem Rathhause aufbewahrt sind.

Name des Orts.	Geographische Lage.	Anzahl der Privat-Wohnhäuser u. Größe der Kreise nach geogr. Q.-Meilen.	Anzahl der Einwohner mit Militair.	Civil-Verwaltungs-Behörden.
St. Oranienburg .	an der Havel	198	2,126	—
„ Liebenwalde . .	an der Mündung des Finow-Canals in die Havel	175	1,878	—
„ Alt-Landsberg .	. .	109	1,139	—
D. Nied. Schönhausen	1 Meile nördl. von Berlin	—	188	—
„ Rüdersdorf . .	2 Meilen östlich von Köpenick	—	450	—
6. Kreis Berlin.	. .	1,26 QM		
St. Berlin	an beiden Ufern der Spree	7,083	220,277	Sitz des Staatsrathes, der Ministerien u. der Central-Verwaltungs-Behörden von allen Zweigen der Regierung; Sitz des Ober-Präsidii der Provinz Brandenburg;

Behörden. Justiz-, Post-, Zoll- und Steuer-, Forst-, Bergwerks- rc. Behörden.	Militair-Behörden und garnisonirende Truppentheile.	Oeffentl. Anstalten, Universitäten, Gymnasien, höhere Schulen, Waisen-, Armen-, Kranken- u. Straf-Anstalten rc.	Hauptgewerbe und vorhandene Merkwürdigkeiten.
St. G., P. A.	2. Bat. 24. Ldw.-Regts.	reform. Waisenhaus.	Töpfer; in dem ehemaligen Schloß eine Fabr. von Schwefelsäure, Vitriol, Salzsäure, Glaubersalz; ein offener Ort.
Justizamt, P. E.	—	—	Schiffbau.
St. G., P. A. Justizamt	—	—	Kön. Schloß u. Garten, Vergnügungsort der Berliner.
Justizamt	—	—	bedeutende Kalksteinbrüche. Der Heinitzkanal steht durch 2 Seen mit der Spree in Verbindung.
Kammergericht, St. G., Justizamt Mühlenhof, Gen. P. A., Hof-P. A., Direkt. d. Gen. Verwaltung der Steuern, H. St. A. für in- u. ausländische Gegenstände, O. Bg. Hauptmannschaft, Ob. Berg-A., Haupt-Bank, Seehandlung, Gen.-Salz-Direktion, G.-Münz-Direktion, und Haupt-Münze, F. J.	Comm. d. Garde Corps, Comm. d. 2. u 3 Armeek, Comm. d. 1 u. 2. Garde-Division, Insp. d. Garde Kavall., Comm. d. 1. u. 2. Garde-Inf.-Brig., Comm. d. 1. u. 2. Garde Kav.-Brig., G.-Insp. u. Chef d. Art. 1. Art.-Insp, Gen. Insp d. Festungen u. Chef d Ing u. Pion., 1. Ing.-Insp. Comm. d. 1. u. 2. Garde u. 6. Ldw.-Brig., Gouv., Commdt, 2. Garde Rgt zu Fuß Kais. Alexander Gren. R, — Franz — — Garde Schützen-Bat. 3. Esk. R. G. du Corps, G.-Cuir- u. G.-Drag 2 Garde Ulan.-(Ldw.) R., Lehr-Eskdr., Stab u Abth. Comm., so wie 3 reit-, 9 Fuß- u. Hdw. Comp. d Garde Art.-Brigade, 1. Pion.-Insp, Garde Pion.-Abth. 1. Bat. 2. Garde- u. 1. u. 2. Bat. 20 Ldw.-R., Cadetten Corps, Berliner Inv.-Bat. —	Akademie der Wissenschaften, d. Künste, Universität m 1650 Studirenden, sieben Gymn, allg. Kriegsschule, medizinisch-chirurg. Fried. Wilh. Institut, Blinden-, Taubstummen-, Hebammenlehr-Anstalt, d. Charité, Kunst- und Baugewerksschule, 7 Waisenh., überh. 250 Schulen und Erziehungs-Anst., Königl Bibliothek, Sammlung v. Naturalien, Kunstsachen, viele gelehrte Vereine, Hpt.-bibelgesellsch., welche in der Monarchie 45 Töchtergesellschaften hat, Künstlerverein rc.	Haupt- u. Residenzstadt. Zu den zahlreichen Fabriken gehören: Seiden-, Halbseiden-, Wollen-, Baumwollen-, Leinwand-, Tapeten-, Gold- u. Silber-, Leder-, Essig-, Hut-, lakirte Waaren-, Stahl-, Wachs-, Wachstuch-, Pulver-, Oel-, Papier-, Parfümerie-, Pfeifen-, Putzwaaren-, Steingut-, Uhrfabriken, Porzelain-Manufaktur; ferner Fabr. v. chirurg.-, mathem.-, mechanisch-, optisch-, physikalisch-, musikalischen Instrumenten; hat mehrere Königl. Schlösser.

Name des Orts.	Geographische Lage.	Anzahl der Privat-Wohnhäuser u. Größe der Kreise nach geogr. Q.-Meilen.	Anzahl der Einwohner mit Militair.	Civil-Verwaltungs-Behörden.
7. Kreis Teltow.	. .	43,9 QM	60,988	.
St. Charlottenburg	an der Spree	353	4,699	—
" Köpenick	auf ein. Spree-Insel	174	1,874	—
" Mittenwalde .	an der Notte	242	1,389	—
" Zossen	an der Notte	185	1,375	—
" Trebbin	an der Nuthe	174	1,308	—
" Storkow . . .	am Dolgen- u. Storkow-See	201	1,295	—
" Teltow (2 M.) .	an der Teltow	109	1,103	Krst.
" Buchholz . . .	an der Dahme	85	692	
" Teupitz	am See gleiches Namens	68	418	—
Mfl. Königs-Wusterhausen . . .	an der Sühne	56	239	—
D. Gr. Beeren . .	3 Meil. südlich v. Berlin	—	191	—
8. Kreis Jüterbock.	. .	24,39 QM	36,974	
St. Luckenwalde . .	a. d. Nuthe	536	3,962	—
" Jüterbock (6¾ M.)	an der Elbe	546	3,528	Krst.
" Dahme	an der Dahme	354	2,882	—
" Baruth	an der Geile	150	1,219	—
" Zinna	an der Nuthe	206	1,196	—
D. Dennewitz . . .	1 Meile südwestlich von Jüterbock	—	180	—
" Gottow	am Hammerfließ	—	265	—

Behörden. Justiz-, Post-, Zoll- und Steuer-, Forst-, Bergwerks- ꝛc. Behörden.	Militair-Behörden und garnisonirende Truppentheile.	Oeffentl. Anstalten, Universitäten, Gymnasien, höhere Schulen, Waisen-, Armen-, Kranken- u. Straf-Anstalten ꝛc.	Hauptgewerbe und vorhandene Merkwürdigkeiten.
St. S.	4. Esk. Regts. Garde du Corps	—	Kattundruckerei, Garnspinnerei, Leinwand- u. Kattunbleiche, Strumpfwirkerei, Königl. Schloß u. Garten, Vergnügungsort d. Berliner, schöne Kunststraße nach Berlin, des Nachts erleuchtet.
St. S.	—	—	Woll- u. Seidenfabr., Bleichen, gewebte Fußteppiche; ehem. Königl. Schloß. In der Gegend die Müggelsberge, 340 Fuß hoch, an d. Spree.
St. S., P. A.	—	—	Leinweberei.
St. S.	—	—	Leinweberei, Weinessig und Mostrichfabr.
St. S., P. E.	—	—	Leinweb.; offener Ort.
L. u. St. S.	—	—	Tuchweberei.
St. S.	—	—	Leinweb., berühmte kleine Rüben.
—	—	—	Leinweberei.
Justizamt, F. J.	—	—	Tuch- u. Leinweb.; Königl. Jagd Schloß von Fried. Wilh. I. angelegt.
—	—	—	Schlacht am 23sten August 1813.
L. u. St. S., P. E.	—	—	bedeut. Fabr. v. feinsten Tuch, Leinweb., Wollspinnerei, Sensen-, Lederfabriken.
L. u. St. S., P. A.	—	—	Woll- und Flachsmärkte, Leinweberei.
L. u. St. S., P. A.	—	—	Tuch- u. Wollzeug-, Leinw.- u. Tabacks-Fabriken.
P. A.	—	—	Lederfabr., Eisenw., Drathmühle, Holzwaar.; Standesh. d. Gr. zu Solms-Bar.
—	—	—	Baumwollen- u. Lederfabr.; 1764 angelegt; in der Nähe ein altes Kloster.
—	—	—	Schlacht am 6ten September 1813.
—	—	—	Eisenhütte, Kupferhammerwerk.

Name des Orts.	Geographische Lage.	Anzahl der Privat-Wohnhäuser u. Größe der Kreise nach geogr. □-Meilen.	Anzahl der Einwohner mit Militair.	Civil-Verwaltungs-Behörden.
9. Kreis Belzig. (Das Landr.-Amt ist in Potsdam.)	. .	35,15 □M	47,754	
St. Treuenbrietzen (5 Meilen.) .	a. d. Nieplitz	542	3,613	—
= Beelitz	a. d. Nieplitz	306	1,930	—
= Belzig	. .	267	1,927	—
= Niemeck	. .	289	1,670	—
= Werder	auf einer Insel in der Havel	211	1,209	—
= Brück	a. d. Plane	177	1,120	—
= Saarmund . . .	a. d. Saare	58	322	—
Mfl. Lehnin	am See	152	848	—
10. Kreis Ost-Havelland.	. .	24,09 □M	70,220	
St. Potsdam . . . (4 M. von Berlin.)	an der Havel	1,510	30,272	Ober-Rechenkammer, Sitz der Regierung.
= Spandau . . .	a. d. Mündung der Spree in die Havel	488	5,056	—
= Nauen (4 M.) .	am Havellug	424	3,014	Krst.
= Kremmen . . .	nicht weit vom See gleiches Namens	282	2,007	—
= Fehrbellin . . .	am alten Rhin	129	1,239	—
= Ketzin	a. d. Havel	85	708	—
D. Linum	1 Meile südöstlich von Fehrbellin	—	845	—

Behörden. Justiz-, Post-, Zoll- und Steuer-, Forst-, Bergwerks- ꝛc. Behörden.	Militair-Behörden und garnisonirende Truppentheile.	Oeffentl. Anstalten, Universitäten, Gymnasien, höhere Schulen, Waisen-, Armen-, Kranken- u. Straf-Anstalten ꝛc.	Hauptgewerbe und vorhandene Merkwürdigkeiten.
St. G., P. A.	3. Bat. 20. Ldw.-Rgts.	—	Lein- und Wollweb., Papier-, Graupenmühlen.
St. G., P. E.	—	—	Lein- u. Wollweb., Flachsbau.
?. u. St. G., P. E.	—	—	Tuch- u. Leinweb., Papiermühle; altes Schloß.
—	—	—	Branntweinbrennerei.
Justizamt	Garde-Invaliden	—	Wein-, Obstbau, Fischerei, Brauerei, Schifffahrt; offener Ort.
—	—	—	Tuch- u. Leinweb., Flachs- und Hopfenbau.
Justizamt	—	—	offener Ort, Tuchfabriken.
—	—	—	ehemal. Kloster.
St. G., Just. A., P. A., H. St. A., F. I.	Insp. d. Jäger u. Schützen Combt., 1. G.-R zu Fuß. Stab u. 3 Cp. Gde.-Jäg. Bat., Lehr-Inf.-Bat., Stab u. 1. Bat. des Gde.-Res. Inf.-(Ldw.)Rgts. Stab, Leib- u. 2. Esk Rg. Garde du Corps, Garde Hus. Regt., 1. Gde.-Ulanen (Ldw.)R., Cadett.-Inst., 1. Gde.-Inv.-Cp. Garde-Invaliden.	Gymnasium, städtisches Armenhaus, Mil Waisenhaus.	Königl. Residenz; Fabr. in Tuch, Seide, Baumwolle, Zucker, Taback, Leder, Gewehr u. Waffen; Kön. Schloß in der Stadt, außerhalb Sans Souci, Neues Palais, Marmor-Palais, Pfauen-Insel. Dorf Nöwawies, Baumwollenfabrik.
St. G., Just A., P. A.	Combt., 1 Cp d. Gde.-Jäger-B., 2. Bat. G. Res. Inf (Ldw)R., 11. Fuß-Cp. d. Gde.-Art.-Brig., 1 Com. d. G. Pion. Abth. 6 Garn-Comp. des Garde-Corps.	Straf- und Besserngs-Anstalt.	Festung; Fabr. von Feuergewehren aller Art, Leinweber., Wollweb., Bierbrauerei, Schiffbau und Schifffahrt; Pferdemarkt.
St. G., P. E.	—	—	Leinw., Bierbr., Brantwbr., in einer fruchtb. Geg.; in d. Nähe der Nauensche Graben.
. E.	—	—	in der Nähe Torfstiche, offener Ort.
Justizamt, P. A.	—	—	Brantweinbrenn.; Schlacht (s. Linum).
—	—	—	fruchtbare Gegend.
—	—	—	bedeut. Torfgrub.; in d. Nähe Denkmal der Schlacht vom 18. Juni 1675 zw. d. großen Kurfürsten u. den Schweden.

Name des Orts.	Geographische Lage.	Anzahl der Privat-Wohnhäuser u. Größe der Kreise nach geogr. □-Meilen.	Anzahl der Einwohner mit Militair.	Civil-Verwaltungs-Behörden.
Amt Königshorst . .	2 Meilen südlich v. Fehrbellin	—	216	—
D. Paretz	a. d. Havel, 2 M. n. w. v. Potsdam	—	196	—
11. Kreis West-Havelland.	. .	23,17 □M	45,517	
St. Brandenburg . (5 Meilen.)	an der Havel	1,386	12,076	Krst.
= Rathenau . . .	an der Havel	575	4,492	—
= Friesack	am alten Rhin	230	1,495	
= Pritzerbe . . .	auf ein. Halbinsel der Havel	156	936	
= Rhinow	am Rhin	57	499	
Mfl. Plaue	an einem See, durch welchen die Havel fließt	152	686	—
12. Kreis Ruppin.	. .	30,13 □M	56,723	
St. Neu-Ruppin (9½ M.)	am See gleiches Namens	716	6,344	Krst.
= Wusterhausen .	auf einer Insel der Dosse	370	2,257	—
= Gransee . . . :	. .	386	2,124	—
= Rheinsberg : .	am Grinerick-See u. Rhin	175	1,528	—
= Lindow . . : .	zwischen Seen	172	1,376	—
= Alt-Ruppin : .	a. Rhin u. See gl. Namens	151	1,187	—
= Neustadt . . .	an der Dosse	89	846	—

Behörden. Justiz=, Post=, Zoll= und Steuer=, Forst=, Bergwerks= ꝛc. Behörden.	Militair=Behörden und garnisonirende Truppentheile.	Oeffentl. Anstalten, Universitäten, Gymnasien, höhere Schulen, Waisen=, Armen=, Kranken= u. Straf=Anstalten ꝛc.	Hauptgewerbe und vorhandene Merkwürdigkeiten.
—	—	—	bedeutende Holländerei, welche Berlin, Potsdam und Gegend mit sehr guter Butter versieht.
—	—	—	königl. Lustschloß.
L. u. St. G., Dom = G., P. A., H. St. A.	Füs.=Bat.20.Inf.=Regts. Stab, 3. u. 4. Esk. 6. Cuir. Regts. 7. Inv. = Comp.	evang Dom=kapitel, Gymnas, Ritter=Akademie, Strafanstalt.	Tuchweb., Gerb., Neublaufabr., Schiffbau u. Schifffahrt; die älteste Stadt der Mark Brandenburg; Raths=Bibliothek
St. G., P. A.	1. u. 2. Esk. 6. Cuir.=Regts.	—	Tuch=, Baumwoll=, Leinweb., Brillen, Mikroskope, Fernröhre, Kalkbrennerei; Bildsäule des gr. Kurfürsten, der hier 1675 die Schweden schlug.
—	—	—	am Anfang des plauenschen Kanals.
St. G., P. A.	Stab, 1. u. 2. Bat. 24. Inf. = Regts. 1. Bat. 24. Ldw.=Regts.	Gymn., Land=Irrenanstalt.	bedeutende Tuchfabr., Flanell=, Zichorien= Tabacksfabr., Gerb., Bierbr., in der Nähe Torfstich, brannte 1787 ab.
St. G., P. A.	—	—	Tuch= u. Leinweb.; brannte 1758 ab
St. G., P. E., H. Z. A.	—	—	Woll= u Leinweb.; Denkmal auf dem Louisenplatz
P. A., F. J.	—	—	Steingut=, Hohl= u. Tafelglasfabr, Schloß u. Garten des Prinzen August.
– —	—	adl. Fräuleinstift mit 5 Präbenden.	Woll= u. Leinweb., Tabacksf.
Justizamt			
Justizamt	—	—	Spiegelfabr. u. opt. Gläser, Saigerhüttenw.: hohe Ofen; Kön. Hauptgestüt u. in d. Nähe das Brandenb. Landgestüt zu Lindenau.

Name des Orts.	Geographische Lage.	Anzahl der Privat-Wohnhäuser u. Größe der Kreise nach geogr. Q.-Meilen.	Anzahl der Einwohner mit Militair.	Civil-Verwaltungs-Behörden.
13. Kreis Ost-Priegnitz.	. .	35,23 QM	48,288	
St. Wittstock . . .	a. d. Dosse	553	3,225	—
= Pritzwalk . . .	a. d. Dömnitz	398	2,699	—
= Kyritz (11½ M.) .	a. d. Jägelitz	472	2,673	Krst.
= Meyenburg . .	a. d. Stepenitz	175	1,246	—
Mfl. Freienstein . .	a. d. Stepenitz	172	792	—
= Zechlin	an einem See	84	409	—
Dorf und Stift heiligen Grabe . . .	zw. Wittstock u. Pritzwalk	—	178	—
D. u. Stift Marienfließ	a. d. Stepenitz	—	322	—
14. Kreis West-Priegnitz.	. .	27,33 QM	47,297	
St. Perleberg (17 M.)	a. d. Stepenitz	553	3,225	Krst.
= Lenzen	am Fluß Löckenitz unweit der Elbe	262	2,544	—
= Havelberg . . .	auf einer Insel in der Havel	268	2,288	—
= Wilsnack . . .	am Kartanflüßchen	242	1,514	—
= Puttlitz	a. d. Stepenitz	150	1,102	—
= Wittenberge . .	a. d. Mündung der Stepenitz in die Elbe	177	1,087	—
II. Reg.-Dep. Frankfurt.				
1. Kreis Königsberg.	. .	21,14 QM	42,403	
St. Königsberg (10¾ M.)	an der Nörcke	460	4,143	Krst.
= Baerwalde . . (Beerwalde)	zwischen zwei Teichen	272	2,131	—
= Schönfließ . .	an der Nörcke	242	1,979	—
= Zehden	a. d. Möglitze	153	1,075	—
= Mohrin	an einem großen See und der Schlippe	148	991	—
Mfl. Zellin	an der Oder auf e. Berge	178	1,612	—
2. Kreis Soldin.	. .	19,85 QM	29,859	
St. Soldin (10 M.) .	zwischen Seen	365	3,516	Krst.

Behörden. Justiz-, Post-, Zoll- und Steuer-, Forst-, Bergwerks- ꝛc. Behörden.	Militair-Behörden und garnisonirende Truppentheile.	Oeffentl. Anstalten, Universitäten, Gymnasien, höhere Schulen, Waisen-, Armen-, Kranken- u. Straf-Anstalten ꝛc.	Hauptgewerbe und vorhandene Merkwürdigkeiten.
St G., P. A., H. Z. A.	1. Abth. d. 2. Garde-Inval. Cp.	Landarmenhaus.	Woll- u. Leinweb., in einer sumpf. Geg. Schlacht 1636.
St. G., P. A.	—	—	Tuch- u. Leinwandfabr.; neugebaut.
St. G., P. A.	—	—	Acker- u. Gartenbau, Viehzucht.
P. E.			
—	—	—	Rübenbau.
Justizamt	—	—	Krystall- u. Glashütte.
—	—	adl. Fräuleinst. m. 31 Präbend.	
—	—	desgl. mit 10 Präbenden	zum Dorf Stepenitz gehörig.
St. G., P. A.	—	—	Tuchweb., Zichorienfabr., Flachsmärkte.
L. u. St. G., P. A.	—	—	Elbzoll, Lenzener Wische.
L. u. St. G., P. A.	3. Bat. 24. Ldw. Regts.	—	Zuckersied., Bier- u. Brantwbr., Schiffbau u. Schifffahrt, Holzhand., Spedition; Domkirche.
P. E.	—	—	früher ein bedeutender Wallfahrtsort.
—	—	—	Ackerbau.
St. G., P. E., H. Z. A.	—	—	Oelfabriken.
St. G., P. A.	1. Bat. 14. Inf.-Regts.	Gymnasium.	Tuch-, Baumwoll-, Leder- u. Stärkefabr., Brantwbr.
St. G., P. E.	—	—	Tuchfabr.
St. G.	—	—	Ackerbau, Viehzucht.
Justizamt, P. E.	—	—	Viehzucht, Fischerei.
—	—	—	Muränen-Fischerei.
Justizamt			
St. G., P. A.	2. Bat. 14. Inf. Regts. 1. Bat. 14. Ldw. Regts.	—	Tuch- u. Bandfabr., Gerb., Muränen-Fisch.

Name des Orts.	Geographische Lage.	Anzahl der Privat-Wohnhäuser u. Größe der Kreise nach geogr. Q.-Meilen.	Anzahl der Einwohner mit Militair.	Civil-Verwaltungs-Behörden.
St. Berlinchen . .	am See gleiches Namens	267	2,462	—
= Lippehne . . .	am Mandel- u. Wendel-See	288	1,948	—
= Bernstein . . .	am Jungfern-See	137	1,152	—
3. Kreis Arnswalde.	. .	21,87 QM	25,691	
St. Arnswalde (16¾ M.)	zwisch. 2 Seen	466	2,959	Krst.
= Reetz	an der Ihna	232	1,526	—
= Neuwedel . . .	an der Drage und dem Dragesee	200	1,485	—
4. Kreis Friedeberg.	. .	18,03 QM	34,293	
St. Friedeberg (3¾ M.)	zwischen mehreren Seen	402	3,317	Krst.
= Driesen	von der Netze umgeben	326	2,743	—
= Woldenberg . .	auf ein. Berge an einigen Seen	304	1,915	—
5. Kreis Landsberg.	. .	17,91 QM	46,694	
St. Landsberg (10¼ M.)	an der Warthe	769	9,081	Krst.
Amt Himmelstaedt .	1 Meile nördlich v. Landsberg	—	260	—
D. Vietz	an der Straße zw. Cüstrin u. Landsberg, ½ Meile von der Warthe	—	1,089	—
= Zanzthal . . .	2 Meil. nordöstlich von Landsberg	—	183	—
= Zanzhausen . .			311	—
6. Kreis Küstrin.	. .	13,72 QM	37,988	
St. Küstrin (4 M.) .	am Einfluß der Warthe in die Oder	484	4,643	Krst.
= Neudamm . . .	an dem Mietzelfluß	238	2,564	—
= Fürstenfelde . .	. .	138	1,309	
D. Zorndorf . . .	2 Meil nördl. von Cüstrin	—	459	—

Behörden. Justiz-, Post-, Zoll- und Steuer-, Forst-, Berg-werks-, rc. Behörden.	Militair-Behörden und garnisonirende Truppentheile.	Oeffentl. Anstalten, Universitäten, Gymnasien, höhere Schulen, Waisen-, Armen-, Kranken- u. Straf-Anstalten rc.	Hauptgewerbe und vorhandene Merkwürdigkeiten.
St.G., P. E.	—	—	Tuchfabr., Papiermühle, Pferde u. Rindviehmärkte.
St. G.	—	—	Fischerei, Tuchweb., Gerb.
Justizamt	—	—	Tuchweb., Muränen-Fisch.; Schloß.
St. G, P. E.	Füs. Bat. 21. Inf. Regts.	—	Tuchweber.
St. G., P. E.	—	—	Tuchweber.
—	—	—	Tuchweb., Eisenhammer.
St. G., P. A.	2. Esk. 3. Drag.-Regts.	—	Tuchweber.
L. u. St. G., P. A., F. J.	—	—	Tuch- u. Lederfabr., Schifffahrt.
St. G., P. E.	1. Esk. 3. Drag.-Regts	—	Tuchfabr., Papiermühle.
L. u. St. G., P. A, H. St. A., F. J.	Stab, 3. u. 4. Esk. 3. Drag.-Regts., 3. Bat. 14. Ldw.-Regts.	Armen- u. Waisenh, Straf- u. Besser. Anst.	Tuch- u. Lederfabr., Papiermühle, Woll- u. Getr.-Markt, Kalkbrennerei.
—	—	—	Eisenstab- u. Blechhammer.
—	—	—	Königl. Eisenhüttenwerke, wo Kanonenkugeln, Bomben, Granaten rc. gegossen werden.
—	—	—	
—	—	—	
L. u. St. G, P. A., F. J.	Combt., 2. Fuß-Comp. der Garde- u. 12. Fuß-Comp. d. 2. Art.-Brig. Comm. d. Garde-Pion. Abth., 6 Garnis.-Comp. der 4. und 5. Division.	—	Festung, in einer morastigen Gegend; Rasch-, Zeug- u. Stärkefabr.; regelmäßig gebaut.
St. G., Just. A., P. E.	—	Armenhaus.	Tuchfabr., Papiermühle.
—	—	—	Schlacht 26. u. 27. August 1758 zwisch. Preußen u. Russen.

Name des Orts.	Geographische Lage.	Anzahl der Privat-Wohnhäuser u. Größe der Kreise nach geogr. □-Meilen	Anzahl der Einwohner mit Militair.	Civil-Verwaltungs-Behörden.
7. Kreis Lebus. (Das landräthl. Amt ist in Frankfurt.)	. .	31,67 □M	49,390	
St. Fürstenwalde .	a. d. Spree	434	3,203	—
„ Müncheberg . .	. .	208	1,863	—
„ Seelow	am Oderbruch	219	1,478	—
„ Lebus (1½ M.) .	a. d. Oder	176	1,424	—
„ Mühlrose . . . (Müllrose.)	am Friedrich-Wilhelms-Graben	150	1,260	—
„ Göritz	unf. d. Oder	143	1,299	—
„ Buckow	an der Stobberow	171	858	—
Mfl. Ober-Lindow .	am Friedrich-Wilhelms-Graben.	34	178	
D. Kunersdorf . .	1 M. n. östl. v. Frankfurt	—	243	—
8. Kreis Frankfurt.	. .	0,4 □M		
St. Frankfurt . . . (11½ M. von Berlin.)	a. d. Oder	1,352	16,232	Sitz der Regier., Krst. des Lebuser Kreises
9. Kreis Sternberg.	. .	33,55 □M	46,098	
St. Zielenzig (6 M.)	a. d. Poste	452	3,419	Krst.
„ Drossen . . .	a. d. Lenze	450	3,351	—
„ Reppen	a. d. Eilang	356	2,357	—
„ Sonnenburg . .	a. d. Lenze	258	2,097	—
„ Königswalde .	an einem See	149	946	—
„ Sternberg . .	. .	127	943	
„ Schermeisel . .	a. d. Poste	65	718	—
„ Lagow	an einem See	61	351	—
D. Gleißen	1 M. südl. v. Königswalde	—	400	—
„ Rabach	1 M. n. östl. v. Drossen	—	388	—

Behörden. Justiz-, Post-, Zoll- und Steuer-, Forst-, Bergwerks- ꝛc. Behörden.	Militair-Behörden und garnisonirende Truppentheile.	Oeffentl. Anstalten, Universitäten, Gymnasien, höhere Schulen, Waisen-, Armen-, Kranken- u. Straf-Anstalten ꝛc.	Hauptgewerbe und vorhandene Merkwürdigkeiten.
St. G., Just A., P A.	Stab, 3te u. 4te Esk. 3ten Ulan.-Regts.	—	Woll- u. Leinweberei.
St. G., P. A.			
St. G., P. E.	—	—	Viehzucht u. Pferdemärkte; offener Ort.
—	—	—	offener Ort.
St. G, P. A.	—	—	offener Ort.
—	—	—	Ackerbau, Viehzucht, Fisch., offener Ort.
—	—	—	Hopfenbau, offener Ort.
—	—	—	Schlacht 12. Aug. 1759 zw. Preußen u. Russen.
Ob. L. Ger., L. u. St. G., P. A., H. St. A.	Comm. d. 5ten Divis. Comm. d. 5. Inf., 5. Kav., 5. Ldw. Brig. Stab u. Füs. Bat. 8ten Inf. Regts. Stab u. 1. Bat. 12ten Inf. Regts. 1. Bat. 8. Ldw.-Regts.	Gymnasium, Hebammen-Lehranstalt, 2 Waisen- 3 Armenhäuser, Kranken-Hospital	bedeutende Messen, Oderschifffahrt, Taback, Seiden-, Zucker-, Wachs-, Fayencefabr., Weinbau, (Mostrich). Denkmal des Herzogs Leopold v. Braunschweig, † 27. April 1785; Bibliothek.
St. G., P. A.	—	—	Tuch- u. Strumpffabr.; in der Gegend große Braunkohllager.
St. G., Inquis., P. A.	—	—	Tuchfabr., Gerb., Töpfer; in d. Gegend gute Walkerde.
St. G.	—	—	Tuchfabriken.
L. u. St. G., P. E.	—	—	Fischerei, große Krebse; ehemalige Johanniter-Ordensballei, schöne gothische Kirche.
—	—	—	Woll- u. Tuchfabr., Papiermühle, Alaunwerk, Hopfenbau, offener Ort.
—	—	—	Ackerbau.
Justizamt	—	—	ehemal. Johanniter Schloß.
—	—	—	Mineralbad, Alaunbergw., Seidenfabrik.
—	—	—	Kupferhammer.

Name des Orts.	Geographische Lage.	Anzahl der Privat-Wohnhäuser u. Größe der Kreise nach geogr. □-Meilen.	Anzahl der Einwohner mit Militair.	Civil-Verwaltungs-Behörden.
10. Kreis Züllichau.	. .	14,84 □M	32,573	
St. Züllichau (12¾ M.)	1 M. v. d. Oder u. d. Obra entfernt	649	4,683	Krst.
„ Schwiebus . . .	a. d. Schwemme	428	1,465	—
„ Trebschen . . . oder Friedrichshuld	unw. d. faulen Obra	36	233	
Mfl. Liebenau . . .	an einem See	125	719	
D. Kay	1½ M. westlich v. Züllichau	—	285	—
11. Kreis Krossen.	. .	23,54 □M	37,078	
St. Krossen (7 M.) .	am Einfluß d. Bobers in d. Oder	555	3,738	Krst.
„ Sommerfeld . .	a. d. Lubst	478	3,216	—
„ Bobersberg . .	am Bober	188	1,238	—
12. Kreis Guben.	. .	20,47 □M	34,806	
St. Guben (6¼ M.) .	a. d. Neiße	859	7,289	Krst.
„ Fürstenberg . .	a. d. Oder	259	1,500	—
D. Neuzelle . . .	a. d. Oder	—	178	—
13. Kreis Lübben.	. .	28,46 □M	38,229	
St. Lübben (9¼ M.) .	auf einer Insel der Spree	447	3,415	Krst.
„ Beeskow . . .	a. d. Spree	392	2,855	—
„ Lieberose . . .	. .	172	1,484	—
„ Friedland . . .	unw. d. Schwielungsees	134	884	—

Behörden. Justiz-, Post-, Zoll- und Steuer-, Forst-, Bergwerks- etc. Behörden.	Militair-Behörden und garnisonirende Truppentheile.	Oeffentl. Anstalten, Universitäten, Gymnasien, höhere Schulen, Waisen-, Armen-, Kranken- u. Straf-Anstalten etc.	Hauptgewerbe und vorhandene Merkwürdigkeiten.
St. G., P. A.	—	Pädagogium u Waisenhaus	bedeut. Tuchfabr., Leinweb., Brantwbr., Obstbau.
St. G., P. E.	—	—	bedeutende Tuchfabr., welche nach China, der Schweitz und dem Rhein liefern; Schloß.
—	—	—	Gefecht 1759, zwisch. den Russen unter Soltikow, u. den Preußen unter Wedel.
L. G., P. A., H. St. A., F. J.	2. Bat. 12. Inf. Regts. 1. Bat. 12. Ldw. Regts	—	Fabr. von feinem u. Mitteltuch, Eisenhammer, Weinbau, Schifffahrt, Handel.
P. E.	—	—	Tuchfabr., Leinw., Töpfer., Brauerei.
—	—	—	Tuchw., viele Töpferwaaren.
St. G., Justizamt, P. A.	2. Bat. 8. Inf.-Rgts.	Gymnasium.	Wein- u. Obstbau, Tuchfabr., Wollspinnerei, Kupferhammer, Tabacksfabr., Kockerillsche Spinnmaschiene, bedeut. Wassermühlen.
St. G.	—	—	Leinweb., Oberzoll.
P. E.	—	ev. Schullehrer Seminar., Waisenhaus.	Bibliothek; war früher ein Stift.
L. G., Inquis., Justizamt, P. A., H. St. A.	1. Bat. 8. Inf.-Regts.	Hebammen-lehranstalt.	Tuch- u. Leinweb., Garten- u. Tabacksbau, Marktverkehr, Bierbr., Brantwbr.; Schloß.
St. G, Justizamt, P A., F. J.	1. u. 2. Esk. 3. Ulan.-R.	—	Tuch- u. Leinweb., Bierbr., Schiffahrt.
P. A.	—	—	Waldungen, Pechhütten, Torfgräb.; gehört dem Grafen v. d. Schulenburg, als Besitzer der Standesherrschaft Lieberose-Lamsfeld.
Justizamt.	—	Synagoge	Viehmärkte; gehörte sonst dem Johanniter-Orden.

Name des Orts.	Geographische Lage.	Anzahl der Privat-Wohnhäuser u. Größe der Kreise nach geogr. Q.-Meilen.	Anzahl der Einwohner mit Militair.	Civil-Verwaltungs-Behörden.
14. Kreis Luckau.	. .	23,28 QM	39,018	
St. Luckau (11½ M.) .	a. d. Berste	461	2,131	Krst.
" Finsterwalde . .	. .	294	2,091	—
" Kirchhain . . .	a. d. kl. Elster	346	1,652	—
" Golssen	a. d. Dahme	148	1,033	—
" Dobrilugk . . .	am Einfl. der Dober in die kl. Elster	151	988	—
" Sonnenwalde .	unw. der kl. Elster	127	880	—
15. Kreis Kalau.	. .	18,2 QM	33,449	
St. Lübbenau . . .	a. d. Spree im Spreewalde	426	2,671	—
" Kalau (12½ M.) .	. .	215	1,607	Krst.
" Vetschau . . .	unweit des Spreewaldes	176	1,154	—
" Senftenberg . .	a. d. schwarzen Elster	175	851	—
" Drebkau	. .	142	791	—
16. Kreis Kottbus.	. .	15,63 QM	39,896	
St. Kottbus (10 M.)	a. d. Spree	792	6,577	Krst.
" Peitz	a. d. Malx	191	1,399	—
17. Kreis Sorau.	. .	22,6 QM	48,884	
St. Sorau (13 M.) .	unweit des Bobers	555	4,031	Krst.
" Forsta	a. d. Neiße	272	2,112	—
" Triebel	unweit der Neiße	198	1,153	—

Behörden. Justiz-, Post-, Zoll- und Steuer-, Forst-, Berg-werks- rc. Behörden.	Militair-Behörden und garnisonirende Truppentheile.	Oeffentl. Anstalten, Universitäten, Gymnasien, höhere Schulen, Waisen-, Armen-, Kranken- u. Straf-Anstalten rc.	Hauptgewerbe und vorhandene Merkwürdigkeiten.
St. G., P. A.	—	Gymnasium, Strafanstalt.	Tuch- u. Leinweb., Stärke- u. Tabacksfabr., Bierbr., Brantwbr., Handel; Gefecht am 4. Juny 1813 zw. Preußen u. Franzosen.
Justizamt, P. E.	—	—	Tuchfabr., Leinweb., halbe Flanelle; Gestüt.
St. G.	—	—	Tuchweb., Lederfabr., Tabacksbau, Töpfer.
P.	—	—	Tabacksfabr., Tabacks- und Flachsbau, Viehhandel.
Justizamt, P. E.	—	—	Tuchw., Tabacksb.; Schloß; Papierf. zu Louisenhütte.
P. E.	—	—	bedeutendes Gewerbe mit Leinwand u. Garn, Flachs; Tabacksbau; Schloß und Garten der Grafen Solms.
—	—	—	besuchte Märkte, Tuch- und Leinweberei, Brantwbr., Viehzucht; Schloß der Grafen von Lynar.
St. G., P. E.	—	—	Tuch- u. Leinweb., Flachsb.
P. E.	—	—	Leinwand u. Drillich.
Justizamt, P. E., F. J.	—	—	Leinweb., Obstbau, Viehzucht, Fischerei.
—	—	—	Leinw., Bierbr., Brantwbr.
L. G., Justizamt, P. A., H. St. A.	3. Bat. 2. Garde-Landwehr-Regts.	Gymnasium.	Tuch-, (Kokerillsche Spinnmaschienen), Leinw., Lohgerb., Tabacksfabr., bedeut. Bierbr., Brantwbr., Handel, in der Nähe Papiermühlen; größtentheils wendische Einwohner.
St. G., Justiza., P. A.	—	—	Tuchfabr., Leinweb., großes Eisenhüttenwerk.
L. u. St. G., Inquis., P. A., F. J.	Füs. Bat. 12 Inf.-Rgts. 3. Bat. 12. Ldw.-Rgts.	Gymnasium, Waisenhaus, Irrenanstalt.	Tuch-, Tabacksfabr., Kattundruck.; Schloß.
P. E.	—	—	Tuchfabr., alle Sorten Leinwand-, Lederfabr, Frischfeuer; Schloß des Grafen Brühl.
St. G.	—	—	schön gefärbte bunte u. graue starke Leinwand, Wollweb., Töpfer; Schloß.

Name des Orts.	Geographische Lage.	Anzahl der Privat-Wohnhäuser u. Größe der Kreise nach geogr. □-Meilen.	Anzahl der Einwohner mit Militair.	Civil-Verwaltungs-Behörden.
St. Pförten	unweit der Neiße	132	1,108	—
" Christianstadt .	am Bober	153	690	—
" Gassen	a. d. Lubst	101	641	
18. Kreis Spremberg	. .	6,52 □M	10,858	
St. Spremberg (13¾ M.)	a. einer Insel in d. Spree	325	2,800	—
D. Provinz Pommern.				
I. Reg.-Dep. Stettin.				
1. Kreis Demmin.	. .	16,38 □M	31,588	
St. Demmin (16¼ M.)	a. d. Peene, welche hier d. Trebel und Tollense aufnimmt	392	4,042	Krst.
" Treptow	a. d. Tollense	401	2,533	—
" Jarmen	a. d. Peene	95	691	—
2. Kreis Anclam.	. .	11,11 □M	22,569	
St. Anclam (11½ M.)	a. d. Peene, nahe am Haff	657	5,724	Krst.
3. Kreis Usedom-Wollin.	. .	18,31 □M	23,171	
St. Swinemünde . (11 M. zu Wasser, 14 M. zu Lande)	am Ausfl. d. Swine	409	3,498	Krst.
" Wollin . . . :	a. d. Diewenow	407	3,007	—
" Usedom	an einem Busen d. kl. Haffs	169	1,051	—
4. Kreis Uckermünde.	. .	21,21 □M	29,305	
St. Pasewalk . . .	a. d. Ucker	564	4,383	—
" Uckermünde (7¼ M.)	an der Ucker, nicht weit v. deren Ausfl. ins kl. Haff	279	2,632	—
" Neuwarp : . .	am See gl. Namens	225	1,542	—

Behörden. Justiz-, Post-, Zoll- und Steuer-, Forst-, Bergwerks- ꝛc. Behörden.	Militair-Behörden und garnisonirende Truppentheile.	Oeffentl. Anstalten, Universitäten, Gymnasien, höhere Schulen, Waisen-, Armen-, Kranken- u. Straf-Anstalten ꝛc.	Hauptgewerbe und vorhandene Merkwürdigkeiten.
P. E.	—	—	Tabacksbau, Woll- u. Leinweb., Bierbr., Brantwbr. gehört dem Grafen Brühl.
—	—	—	Tuch- u. Leinweb., Töpfer; Schloß.
St. G., P. A.	2. Bat. 32. Ldw.-Rgts.	—	Tuchfabr., Leinweb., Wollmarkt, Garten- und Tabacksbau.
St. G., P. A., H. Z. A.	—	—	Fischer., einiger Seehand., Brauerei, Branntwbr., Tabacksfabr.
St. G., Inquis., P. E.	—	—	Gartenbau, Wollweb.
St. G.	—	—	Fischer, Kornhand., Brauer.
St. G., P. A.	1. Bat. 9. Inf.-Rgts. 3. Bat. 2. Ldw.-Rgts. 5. Invaliden-Comp.	höhere Stadtschule, Stadtarmenlazareth, 2 Hospitäle.	einiger Handel zur See, Leinwand-, Taback- Tuch- u. Lederfabr.
St. G., P. E., H. Z. A., F. J.	—	—	Seehafen, Schifffahrt, Fischer., Handel, Seebad.
L. u. St. G., P. E.	—	—	Fisch., Schifffahrt, Holzh., Viehzucht, Lohgerb.
St. G., P. E.	—	—	Schifffahrt, Fischerei.
St. G., P. E.	2tes Cuir.-Regt.	höhere Stadtschule	Ackerbau, Bierbr., Brantwbr., Leder-, Tabacksfabr., Handel mit Vieh u. Wolle.
St. G., Justiza., P. A.	1. reit. Comp. 2. Art. Brig.	Landarmenhaus.	Schiffbau, Schifffahrt, Fischer., Bierbr., Branntwbr., Tabackfabr.
St. G., P. E.	—	—	Fischer., Schifffahrt.

Name des Orts.	Geographische Lage.	Anzahl der Privat-Wohnhäuser u. Größe der Kreise nach geogr. Q.-Meilen.	Anzahl der Einwohner mit Militair.	Civil-Verwaltungs-Behörden.
D. Torgelow . . .	zwisch. Uckermünde u. Pasewalk	—	869	—
5. Kreis Stettin.	. .	3,64 QM	36,160	
St. Stettin . . . (20¾ M. von Berlin.)	a. d. Oder	1,642	24,122	Sitz des Ob. Präsidii und der Regierung, Krst.
„ Damm, Alt Damm	a. d. Plöne u. dem Dammschen See	218	2,298	—
6. Kreis Randow (das Landr.-Amt ist in Stettin)	. .	21,47 QM	34,875	
St. Garz	a. d. Oder	383	3,021	—
„ Pölitz	a. d. Oder	211	1,480	—
„ Pencun	zwisch. 3 Seen	152	1,144	—
Fl. Löcknitz	a. d. Randow	—	414	—
7. Kreis Greiffenhagen.	. .	17,88 QM	32,781	
St. Greiffenhagen . (3½ M.)	a. d. Reglitz, einem Arm d. Oder	468	4,198	Krst.
Fiddichow	a. d. Oder, auf einem hohen Berge	173	1,581	—
„ Bahn	a. d. Thue	196	1,569	—
Fl. Neumark . . .	nicht weit v. Maduesee	71	482	
8. Kreis Pyritz.	. .	19,2 QM	30,251	
St. Pyritz (6 M.) . .	. .	443	3,466	Krst.
Fl. Werben	a. See Madue	72	560	—

Behörden. Justiz-, Post-, Zoll- und Steuer-, Forst-, Bergwerks- rc. Behörden.	Militair-Behörden und garnisonirende Truppentheile.	Oeffentl. Anstalten, Universitäten, Gymnasien, höhere Schulen, Waisen-, Armen-, Kranken- u. Straf-Anstalten rc.	Hauptgewerbe und vorhandene Merkwürdigkeiten.
F. J.	—	—	königl. Eisenhüttenwerk.
Ob. L. G., St. G., Just. A., Ob. P. A., Prov. Steuer-Direktion, H. St. A. Banko-Comtoir, Salz-Speditions-Comtoir.	Comm. d. 3. Div. Comm. d. 3. Inf.-, 3. Kav., 3. Ldwr.-Brig. Comdt., 2 Bat. 1. Gde. Ldw.-Rgts., 2. Inf.-R., Stab, 2. u. Füs. Bat. 9. Inf.-Rgts. Stab, Comm. d. 1. Abth. u. 1. 2. 3. 4. Fuß-Comp. d. 2. Art. Br., 2te Pion.-Abth. 1 Bat. 2. Ldw.-Regt.	Königl. und Stadt-Gymnas., Semin. für gel. Schulen, Semin. für Stadt- u. Landschulen, Hospital, städtisches Waisenhaus, Hebammen-Lehranstalt.	Festung, Hafen, Schiffbau, Taback-, Leder-, Woll-, Liqueur-, Zucker-, Baumwoll-, Papier-, Segeltuchf., berühmte Brauerei, Ankerschmiede; Handel m. Holz, Getr., Wollwaaren, Glas, Obst, Wein; Statüe Friedrich II.
St. G.	—	—	Festung, u durch einen Damm mit Stettin verbunden; Wollweb., Fischer.
St. G., P. E.	3. Esk. 2. Drag.-Regts.	—	Baumwollweb., Fischerei.
St. G., P. E.	—	—	Hopfenbau, Schiffbau, Fisch.,
St. G., P. E.	—	—	Fischer., Strohhutflechter, Bierbr., Branntwbr.
Justizamt, P. A.	—	—	Tabacksbau.
St. G., P. E.	—	—	Tuchweb., Handel; in der Nähe Torfgräbereien.
St. G.	—	—	Hopfenbau.
St. G., P. E.	—	—	liefert viele Strohhüte, Getreidehandel.
L. u. St. G., P. A.	1. Bat. 21. Inf.-Regts.	städt. Armenh.	fruchtbarer Waizenboden, Zeug-, Tuch-, Leinwand-, Hutfabr., Gerberei; Ottobrunnen.
—	—	—	Muränenfischerei.

Name des Orts.	Geographische Lage.	Anzahl der Privat-Wohnhäuser u. Größe der Kreise nach geogr. Q.-Meilen.	Anzahl der Einwohner mit Militair.	Civil-Verwaltungs-Behörden.
9. Kreis Saatzig.	. .	23,07 QM	40,468	
St. Stargard (5¼ M.)	a. d. Ihna	1,153	8,861	Krst.
= Nörenberg . . .	zw. 5 Seen	187	1,312	—
= Freienwalde . .	am See Staritz und dem Krampehlfl.	198	1,168	—
= Jacobshagen .	a d. halben od. gestohlenen Ihna u dem Saatziger-See	170	1,049	—
= Zachan	nicht weit von der Ihna	133	703	—
D. Marienfließ . .	2 M. östl. von Stargard	—	421	—
10. Kreis Naugardt.	. .	22,88 QM	34,390	
St. Gollnow . . .	a. d. Ihna	383	3,597	—
= Naugardt (8 M.)	zw. 2 Seen	182	1,611	Krst.
= Massow	. .	195	1,380	—
= Daber	zwischen den Seen Daber u. Teetz	182	1,087	—
11. Kreis Kammin.	. .	23,1 QM	29,461	
St. Kammin (11 M.)	a. d. Diewenow	393	2,342	Krst.
Fl. Stepenitz . . .	am Papenwasser	126	1,359	—
= Gülzow	zw. 2 Seen	74	418	—
12. Kreis Greiffenberg.	. .	14,65 QM	26,712	
St. Treptow . . .	a. d. Rega	676	4,280	—
= Greiffenberg (11½ M.)	a. d. Rega	369	2,675	Krst.
13. Kreis Regenwalde.	. .	20,23 QM	27,199	
St. Labes (10⅞ M.) .	a. d. Rega	320	2,071	Krst.

Behörden. Justiz-, Post-, Zoll- und Steuer-, Forst-, Bergwerks- 2c. Behörden.	Militair-Behörden und garnisonirende Truppentheile.	Oeffentl. Anstalten, Universitäten, Gymnasien, höhere Schulen, Waisen-, Armen-, Kranken- u. Straf-Anstalten 2c.	Hauptgewerbe und vorhandene Merkwürdigkeiten.
St. G., P. A. H. St. A. F. J.	Comm. d. 4. Div. Comm. d. 4. Inf., 4. Kav., 4. Ldw.-Brig., Stab u. Füs. Bat. 14. Infant.-Regts., Stab u. 2. Bat. 21 Inf.-Rgts. 1. Bat. 9. Ldw.-Regts.	Gymn., Hospital, Heilanstalt, Waisenhaus.	Woll-, Leinwand-, Hut- Leder-, Taback-, Seifenfab., Branntwbr., Leinwandmarkt. — Die Marien-Kirche mit einem 103 Fuß hohen Gewölbe; die Ihna ist hier schiffbar.
Hof-G., P. E.	—	—	Muränenfischerei, Ackerbau, Brauerei, Branntwbr.
St. G., P. E.			
Justizamt	—	—	offener Ort.
—	—	—	in einer sehr fruchtbaren Gegend.
Justizamt	—	Fräuleinstift mit 27 Präbenden.	
St. G., P. E.	—	—	Kupferhammer, Tabacksfab., Handel.
L. u. St. G, Just.A., P.A.	2. Inf.-Rgts. Garn.-Cp.	Straf- u. Besserungsanst.	Tuch-; Strumpf-, Hutfabr.
St. G., P E.			
St. G.	—	—	Brauerei, Branntwbr.
Stadt-Ger., Dom-G.	—	adl. Fräuleinstift mit 6 Stellen.	Fischerei, Raschfabr., Brantwbr, Handel.
Justizamt, P. E.	—	—	Schiffbau, Schifffahrt.
Justizamt, P. E.			
St. G., Justiza., P. A.	Stab, 3. u. 4. Esk. 4. Ulan.-Rgts.	2 Hospitale.	Lachs u. Neunaugen, Tuch-Strumpfweb., Brantwbr., Seehand.; — Schloß.
St. G., P. G.	1. u. 2. Esk. 4. Ulan.-Regts.	—	Wollenzeug-, Tuch-, Rasch- Leinweb, Hutmacher.
mit Wangerin ein Stadtgericht, P. E.	—	—	Kupferhammer, Handel mit Tuch, Holz.

Name des Orts.	Geographische Lage.	Anzahl der Privat-Wohnhäuser u. Größe der Kreise nach geogr. Q.-Meilen.	Anzahl der Einwohner mit Militair.	Civil-Verwaltungs-Behörden.
St. Regenwalde . .	a. d. Rega	216	1,497	—
„ Plathe	a. d. Rega	130	1,067	—
„ Wangerin . . .	zw. den Seen Wangerin u. Polchow	143	849	—
II. Reg.-Dep. Coeslin.				
1 Kreis Schiefelbein.	. .	9,1 QM	10,245	
St. Schiefelbein (7 M.)	a. d. Rega	290	2,127	Krst.
2. Kreis Dramburg.	. .	21,55 QM	22,496	
St. Dramburg (10½ M.)	a. d. Drage	277	2,121	Krst.
„ Kallies	m. Bergen umgeben u. in einer sumpfigen Gegend.	275	2,097	—
„ Falkenburg . .	a. d. Drage	319	2,031	—
3. Kreis Neustettin.	. .	36,09 QM	38,527	
St. Tempelburg . . (poln. Czaplinek)	zw. den Seen Zeplin oder Czaplin und Dratzig	371	2,525	—
„ Neustettin (9 M.)	am Streitzig See	346	2,513	Krst.
„ Ratzebuhr . . .	a. d. Zarne	140	1,036	—
„ Baerwalde . .	an einem Nebenflüßchen der Persante	126	926	—
4. Kreis Belgard.	. .	20,08 QM	23,323	
St Belgard (3 M.) .	a. d. Persante	356	2,398	Krst.
„ Polzin	a. d. Wupper	255	1,985	—
5. Kreis Fürstenthum.	. .	46,35 QM	64,196	
St. Colberg	¼ M v. Ausfl. der Persante in die Ostsee	718	5,780	—

Behörden. Justiz-, Post-, Zoll- und Steuer-, Forst-, Bergwerks- ic. Behörden.	Militair-Behörden und garnisonirende Truppentheile.	Oeffentl. Anstalten, Universitäten, Gymnasien, höhere Schulen, Waisen-, Armen-, Kranken- u. Straf-Anstalten ic.	Hauptgewerbe und vorhandene Merkwürdigkeiten.
mit Plathe ein St. G.	—	—	Raschweberei.
m. Regenwalde ein St. G., P. E.	—	—	Holzhand., Tuch- u. Raschweb.
mit Labes ein St. G.			
St. G., Just. A., P. E., H. St. A.	3. Bat. 9. Ldw.-Rgts.	—	Tuchf., Papiermühle, Torfgräb., ehemalige Johanniter Ordens-Kommende.
St. G., Just. A., P. E.	—	—	Mittel u. ord. Tuche und Flanelle, Gerb., Vieh- u. Wollmärkte.
Schloß- und Hof-Ger., P. E.	—	—	Mittel u. ord. Tuche, Flanelle, Schleifmühle.
St. G., Schloß Ger.	—	—	Tuchweb., Flanelle.
St. G., P. E.	—	—	Tuch-, Hutfabr., Gerberei; von den Tempelherren im 13. Jahrhundert angelegt.
mit Ratzebuhr ein St. G., J A., P A.	—	Hedwigs-Gymnasium, Landarmenh.	Wollf, Brantwbr., Brauerei, Handel; kön. Schloß.
mit Neustettin ein St. G.	—	—	off. Ort, Tuch u. Flanell.
St. G., P. E.	—	—	off. Ort, in einem sumpfigen Thale, Wollweb.
St. G., Just. A., P. E.	2. Esk. 5. Hus.-Regts.	Hospital.	Tabacksfabr., Tuch- u. Hutmacher, Vieh- u Pferdemkt.
St G, Schloß-G.	—	—	Mittel u. ord. Tuche, Flanelle; Mineralbad (das Luisenbad.)
L. u. St. G, Justizamt, P. A., H. Z. A.	Combt., 2. Bat. 34. Inf. Regts, Comm. d. 2. Abth., u. 5. 6 7. 8. Fuß-Comp. 2. Art.-Brig. 1 Comm o. 2. Pion. Abth 9. Inf.-Rgts. Garn.-Cp.	Jungfrauenkl für 16 Conv., 2 Hospitale, städtisches Krankenh., Waisenhaus.	Festung, Salzwerk, Woll-, Flanellf., Fischerei, Schifffahrt, Handel; Zollfreiheit im Sunde; Belag. 1758, 60, 61, 1807.

Name des Orts.	Geographische Lage.	Anzahl der Privat-Wohnhäuser u. Größe der Kreise nach geogr. Q.-Meilen.	Anzahl der Einwohner mit Militair.	Civil-Verwaltungs-Behörden.
St. Coeslin .... (39 M. von Berlin.)	am Fuß des Gollenberges	620	5,170	Sitz der Regierung.
= Bublitz	an der Gozel	255	1,656	—
= Coerlin	a. d. Persante	209	1,495	Krst.
6. Kreis Schlawe.	. .	29,7 QM	44,813	
St. Rügenwalde : .	¼ Meile vom Einfluß der Wipper in die Ostsee	515	3,070	—
= Schlawe (5½ M.) .	a. d. Wipper	317	2,497	Krst.
= Pollnow ...	a. d. Grabow	140	1,033	—
= Zanow	am Fuß des Gollenbergs	123	771	—
7. Kreis Rummelsburg.	. .	20,38 QM	17,073	
St. Rummelsburg .	a. d. Stiednitz	265	2,085	—
8. Kreis Stolp.	. .	41,54 QM	47,193	
St. Stolp (9 M.) .	a. d. Stolp	660	5,636	Krst.
= Stolpmünde : .	am Ausfl. der Stolp in die Ostsee	—	448	—
9. Kreis Lauenburg-Bütow.	. .	33,7 QM	34,255	
St. Lauenburg (16¼ M.)	a. d. Leba	245	2,039	Krst.
= Bütow	am Bütowfl. mit Bergen umgeben	189	1,712	—
= Leba	a. d. Mündung der Leba in die Ostsee	115	608	—

Behörden. Justiz-, Post-, Zoll- und Steuer-, Forst-, Bergwerks- rc. Behörden.	Militair-Behörden und garnisonirende Truppentheile.	Oeffentl. Anstalten, Universitäten, Gymnasien, höhere Schulen, Waisen-, Armen-, Kranken- u. Straf-Anstalten rc.	Hauptgewerbe und vorhandene Merkwürdigkeiten.
Ob. L. G., St. G., Justiz-Amt, P. A.	2. Bat. 9. Ldw.-Regts.	Königl. nd Stadt-Gymnasium, Schullehrer-Seminar., 3 Hospitäle.	Tabacks-, Leder-, Seif- u. Lichtfabr, Brauerei, Handel; regelmäßig gebaut. — Statüe Friedrich Wilhelm I.; erhält das Wasser durch eine Wasserleitung vom Gollenberge.
St. G., Just. A., P. E.	—	—	Muränenfisch., Wollfabr.
St. G., Just. A., P. A.	2. reit. Comp. 2. Art. Brig.	Hospital	Lachsfang, Wollweb.
L. u. St. G., P. A., H. Z. A. auf der Münde, F. J.	3. Invaliden-Comp.	—	Hafen, Fischer., Baumwoll-Segeltuch-, Leinwandfab., Brantwbr, Schiffswerfte, einiger Seehand.; Seebad auf der Münde.
St. G., P. A.	1. Esk. 5. Hus.-Regts.	Hospital	Leinwandmärkte.
StG., Schloß- u. Hof-G., P. E.	—	—	Tuchweb., Holzhand.
St. G.	—	—	Brauerei, Branntwbr.
St. G., P. E.	—	—	ord. Tuche, Brauerei.
St. G., Just. A., P. A.	Stab, 3. u. 4. Esk. 5. Hus.-Rgts. 2. Bat. 21. Ldw.-Regts. Invaliden.	Fräuleinstift mit 9 Präbenden, 2 Hospitäle	bedeut. Bernsteinarbeiten, Leinwand-, Leder-, Woll-, Stärke- und Puderfabr, Kupferhammer., Lachsfang; Schifffahrt und Handel.
H. Z. A.	—	—	Hafen.
L. u. St. G., P. E.	—	Krankenheilanstalt.	Fischer., Bierbr., Brantwbr.
L. u. St. G., P. E.	3. Bat. 21. Ldw.-Regts.	—	off. Ort, Handel mit Tüchern, Malz u. Brantwein nach Danzig.
St. G.	—	—	Fischer., Torfgräb., Verschiffung des Holzes und Salzes.

Name des Orts.	Geographische Lage.	Anzahl der Privat-Wohnhäuser u. Größe der Kreise nach geogr. Q.-Meilen.	Anzahl der Einwohner mit Militair.	Civil-Verwaltungs-Behörden.
III. Reg.-Dep. Stralsund.				
1. Kreis Bergen. (Insel Rügen.)	. .	18,34 QM	33,208	
St. Bergen (3⅞ M.) .	an u. auf einem Berge	334	2,293	Krst.
„ Garz . . . . . :	. .	179	1,279	—
Fl. Sagard	. .	—	662	—
„ Gingst	. .	—	651	—
„ Putbus	¼ M. von der Küste	—	238	—
2. Kreis Franzburg:	. .	21,95 QM	49,643	
St. Stralsund . . (35⅞ M. von Berlin.)	a. d. Meerenge, welche d. feste Land v. Rügen trennt	1,374	14,155	Sitz der Regier.
„ Barth	an einem Binnenwasser d. Ostsee	628	3,729	—
„ Richtenberg . .	am See gl. Namens	151	1,267	—
„ Dammgarten .	am Ribnitzer Busen u. d. Reckenitz	165	914	—
„ Franzburg (3 M.)	zw. 2 Seen	123	795	Krst.
3. Kreis Greifswald.	. .	18,28 QM	35,598	
St. Greifswald (4¾ M.)	a. d. Ryck	920	8,014	Krst.

Behörden. Justiz-, Post-, Zoll- und Steuer-, Forst-, Bergwerks- rc. Behörden.	Militair-Behörden und garnisonirende Truppentheile.	Oeffentl. Anstalten, Universitäten, Gymnasien, höhere Schulen, Waisen-, Armen-, Kranken- u. Straf-Anstalten rc.	Hauptgewerbe und vorhandene Merkwürdigkeiten.
Kr. G., P. E.		Fräuleinstift mit 17 Stellen, Rügisches Landes-Lazareth.	Tuchfabr., Bierbr., Brantweinbr., Ackerbau; Berg Rugard, auf welchem die Residenz der Fürsten von Rügen stand.
P. E.			
—	—	—	in der Gegend die Vorgebirge Stubbenkammer, 543 Fuß hoch und Arkona, 200 F. hoch, auf letzterm ein Leuchtthurm.
—	—	—	die Gegend heißt ihrer Fruchtbarkeit wegen d. Paradies.
—	—	—	dem Fürsten v. Putbus gehörig; hat viele schöne neue Anlagen; Seebad, Papiermühlen.
Kammer- u. Nieder- oder St. G., Ob. P. A., H. Z. A.	Commandantur. Stab u. 1. Bat. 34sten Inf. Regts. (2. Res.) Comm. d. 3. Abth., 3ten reit. Cp., u. 9. 10. 11. Fuß-Cp. d. 2. Art. Br. Comm. d. 2. Pion. Abth. 3. Div. Garn. Comp 2. Bat. 2. Ldw.-Regts.	Gymnasium, Waisenhaus, Militair-Kinderhaus, städtisches Zuchthaus.	Festung, Hafen; Karten-, Spiegel-, Lederfabr., Zuckerraffin, Stärke-, Tabacks-, Seifenfabr., Schiffbau, Seehandel. Belag. 1628.
Kammer- u. Nieder- oder St. G., P. A.	—	Fräuleinstift mit 15 Stellen.	Hafen, Schiffbau u. einiger Seehand., Tabacks- und Seifenfabr.
—	—	—	Ackerbau.
P. E.	—	—	Ackerbau.
Kreisgericht.	—	—	ein offner Ort, Ackerbau.
Ob. Appel. u. höchste G., Hof-Gericht, Kammer- u. Nieder- oder St. G, Kr. G, P. A., H. Z. A.	Comm d. 1. u. 2. Jäger-Abth., 2te Jäger-Abth., 2. Abth. 4. Inv.-Comp.	Univ., Gymn., Landschullehrer Semin., Landes-Lazareth, Waisenhaus	Leder-, Seif- u. Tabacks-fab., Oelschläg., Salzwerk, Schiffsrhederei. Die Ryck ist hier schiffbar.

Name des Orts.	Geographische Lage.	Anzahl der Privat-Wohnhäuser u. Größe der Kreise nach geogr. Q.-Meilen.	Anzahl der Einwohner mit Militair.	Civil-Verwaltungs-Behörden.
St. Wolgast	a. d. Peene	694	4,114	—
= Lassahn	a. d. Peene	236	1,401	—
= Gützkow . . .	a. d. Peene	179	1,108	—
4. Kreis Grimme.	. .	16,9 □M	26,715	
St. Grimme (3½ M) .	a. d. Trebel	286	1,978	Krst.
= Tribsees . . .	a. d. Trebel	335	1,869	—
= Loitz	a. d. Peene	245	1,838	—

E. Provinz Schlesien.

I. Reg.-Dep. Breslau.

Name des Orts.	Geographische Lage.	Anzahl der Privat-Wohnhäuser u. Größe der Kreise nach geogr. Q.-Meilen.	Anzahl der Einwohner mit Militair.	Civil-Verwaltungs-Behörden.
1. Kreis Namslau.	. .	10,28 □M	26,080	
St. Namslau (7 M.)	a. d. Weide	301	3,094	Krst.
= Reichthal . . .	. .	122	1,063	—
2. Kreis Wartenberg.	. .	14,0 □M	35,900	
St. Festenberg . .	. .	152	2,165	—
= Wartenberg, auch Poln.-Wartenberg. (8 M.) (poln. Szychew.)	a. d. Weide	204	1,774	Krst.
= Mittenwalde . . (Medzibor)	. .	135	1,106	—
Fl. Braline	. .	136	867	
3. Kreis Oels. Dieser und der Kreis Trebnitz bilden d. Fürstenthum-Oels, dem Herzog von Braunschweig-Oels gehörig.	. .	15,78 □M	47,978	
St. Oels (4 M.) . .	am Oelsefluß	533	4,862	Krst.
= Bernstadt (Bierutowa)	a. d. Weide	311	2,858	—
= Hundsfeld . . .	. .	96	758	—
= Juliusburg . .	. .	103	753	—

Behörden. Justiz-, Post-, Zoll- und Steuer-, Forst-, Bergwerks- ꝛc. Behörden.	Militair-Behörden und garnisonirende Truppentheile.	Oeffentl. Anstalten, Universitäten, Gymnasien, höhere Schulen, Waisen-, Armen-, Kranken- u. Straf-Anstalten ꝛc.	Hauptgewerbe und vorhandene Merkwürdigkeiten.
Kammer- und Nieder- oder St.G., P.A., H. Z. A.	1. Abth. d. 4. Inv.-Comp.	—	Hafen, Seif- u. Tabacksfabr.
—	—	—	Fischer., Schiffbau, Handel.
P. E.	—	—	Ackerbau, Viehzucht, Schifff.
P. E. H. Z. A.	—	—	Ackerbau.
Kr. G., P. E.	—	—	Ackerbau, Viehzucht, Schifff.
St. G., P. A.	—	—	Tuch- u. Leinweb., Garnh., hölzerne Tabackspfeifenköpfe, große Viehmrkt., ehemals eine deutsche Ordens-Comthurei.
St. G.	—	—	Branntwbr.
St. G., P. E.	—	—	Tuchw, Walkmühle; Schloß des Grafen v. Reichenbach-Goschütz.
St. G., standesherrl. G., P. E.	—	—	Tuchweb., gehört dem Fürsten v. Hatzfeld.
—	—	—	Weinbau, Lein- u. Tuchweb., Gesundbrunnen, Glashütte.
Stdesh. Fürstenth. Ger, St.G., P A, H. St. A.	2. Bat. 10. Ldw.-Rgts.	Gymn., Kospothsche Stiftung, Armenh.	Tuchweb., Bierbr. — Schloß u. Bibliothek des Herzogs v. Braunschweig-Oels.
St. G., P. E.	—	—	Lederfabr., Tuchweb.; eine geschlossene Stadt, altes Schloß.
—	—	—	off. Ort, dem Stifte St. Vincenz zu Breslau gehörig.
—	—	Krankenhosp. zu Tschertwitz	Leinweb., offener Ort.

Name des Orts.	Geographische Lage.	Anzahl der Privat-Wohnhäuser u. Größe der Kreise nach geogr. Q.-Meilen.	Anzahl der Einwohner mit Militair.	Civil-Verwaltungs-Behörden.
4. Kreis Trebnitz.	. .	13,72 QM	41,638	
St. Trebnitz (3 M.) .	. .	336	3,225	Krst.
" Stroppen . . .	. .	109	695	—
5. Kreis Militsch.	. .	16,74 QM	43,856	
St. Militsch (8 M.) .	a. d. Bartsch	202	2,110	Krst.
" Prausnitz . . .	. .	220	1,995	—
" Trachenberg . .	a. d. Bartsch	234	1,928	—
" Sulau oder Zulauf	a. d. Bartsch	92	666	—
" Freyhan	. .	42	388	—
6. Kreis Gurau.	. .	12,82 QM	34,313	
St. Gurau (10⅓ M.) .	a. d. Bartsch	473	3,113	Krst.
" Herrnstadt . .	a. d. Bartsch	243	1,607	—
" Tschirnau . . .	. .	109	764	—
7. Kreis Steinau.	. .	8,39 QM	20,533	
St. Steinau (8½ M.)	unw. d. Oder	328	2,141	Krst.
" Raudten . . .	am Schwarzwasser	194	1,081	—
" Köben	a. d. Oder	115	960	—
8. Kreis Wohlau.	. .	15,33 QM	39,596	
St. Winzig	. .	232	1,508	—
" Wohlau (6 M.) .	zw. Morästen	192	1,406	Krst.
" Dyhrnfurt . .	a. d. Oder	—	1,040	—
" Auras	a. d. Oder	93	703	—
Fl. Leubus	a. d. Oder	—	378	—
9. Kreis Neumarkt.	. .	12,7 QM	40,135	
St. Neumarkt (4¼ M.)	. .	265	2,757	Krst.

Behörden. Justiz-, Post-, Zoll- und Steuer-, Forst-, Bergwerks- ꝛc. Behörden.	Militair-Behörden und garnisonirende Truppentheile.	Oeffentl. Anstalten, Universitäten, Gymnasien, höhere Schulen, Waisen-, Armen-, Kranken- u. Straf-Anstalten ꝛc.	Hauptgewerbe und vorhandene Merkwürdigkeiten.
Ger.-Amt, St. G., P. E.	—	—	Tuch- u. Leinweb., off. Ort
—	—	—	Tuchweb., offener Ort.
St. G., Standesherrliches G., P. E.	3. Esk. 7. Hus.-Rgts.	—	berühmte Töpfer., Tuch- u. Leinweber.; gehört dem Grafen Henkel v. Donnersmark.
St. G., P. E.	—	—	Tuch-, Leinwand-, Parchentf.
Stdsherl. G., St. G., P. E.	—	—	Leinweber.
P. E.	—	—	Lein- u. Tuchweb., Töpfer., Tabacksbau; offener Ort.
St. G.			
St. G., P. E.	1. Esk. 2. Hus.-Rgts.	—	Tuchweb., Brauer., Potaschsied., Handel mit Käse, Butter u. schönem Mehl; mit einer Menge Windmühlen.
St. G., P. E.	Stab u. 3. Esk. 2. Hus.-R.	—	Tuch-, Baumwoll-, Bandf., Viehmärkte, off. Ort.
—	—	v. Lestwitzsches Fräuleinst. zu Ob.-Tschirnau	Tuchweber.
St. G.	—	—	Bierbr., Tuch-, Kraftmehlf.
St. G.	—	—	Tuchfabr., offener Ort.
St. G.	—	—	Tuchweber, offener Ort.
St. G., P. A.	4. Esk. 2. Hus.-Rgts.	—	Bierbr., Tuchweb.; in einer angenehmen Gegend mit Anhöhen umgeben.
St. G., P. E. H. St. A., F. J.	2. Esk. 2. Hus.-Rgts. 2. Bat. 18. Ldw.-Rgts.	—	Garnhand., Leinwand-, Damast-, Tuchfabr.
—	—	Synagoge	Jüdische Buchdruckerei und Schriftgießerei, Töpfer.; Schloß.
St. G., P. E.	—	—	Bleichen, Tabacksbau, Potaschsied.; offener Ort.
—	—	Irrenheilanst.	eine aufgehobene Cistercienser Mönchs-Abtei; schles. Landgestüt.
St. G., P. A.	3. Bat. 10. Ldw.-Rgts.	Minorit-Kl.	Woll-, Wagenfabr., Krapp u. Tabacksbau; Steinkohlen-Spedition für Schlesien zu Maltsch a. d. Oder.

Name des Orts.	Geographische Lage.	Anzahl der Privat-Wohnhäuser u. Größe der Kreise nach geogr. Q.-Meilen.	Anzahl der Einwohner mit Militair.	Civil-Verwaltungs-Behörden.
St. Kanth	a. d. Weistritz	193	1,170	—
D. Leuthen	3 M. westlich von Breslau	—	598	—
10. Kreis Breslau.	. .	13,64 QM	132,064	
St. Breslau . . . (43½ M. von Berlin.)	am Einfl. der Ohlau in die Oder	3,762	79,025	Sitz des Ober-Präsidii und der Regierung, Krst.
11. Kreis Ohlau.	. .	11,19 QM	38,177	
St. Ohlau (3½ M.) .	a. d. Ohlau	353	3,266	Krst.
" Wansen	a. d. Ohlau	152	1,114	—
12. Kreis Brieg.	. .	10,74 QM	36,680	
St. Brieg (5½ M.) .	a. d. Oder	564	9,499	Krst.
" Löwen	a. d. Neiße	171	1,158	—
Fl. Michelau . . .	. .	65	677	—
" Karlsmarkt . .	am Stoberfl.	60	499	—
D. Molwitz	1 M. westl. v. Brieg	—	405	—
13. Kreis Strehlen.	. .	6,63 QM	25,108	
St. Strehlen (5 M.)	a. d. Ohlau	386	3,103	Krst.
Fl. Bohrau	. .	—	467	
14. Kreis Nimptsch.	. .	7,07 QM	24,596	
St. Nimptsch (7½ M.)	a. d. Lohe	181	1,388	Krst.
15. Kreis Münsterberg.	. .	6,6 QM	26,058	
St. Münsterberg (8 M.)	a. d. Ohlau	330	2,797	Krst.

Behörden. Justiz-, Post-, Zoll- und Steuer-, Forst-, Bergwerks- rc. Behörden.	Militair-Behörden und garnisonirende Truppentheile.	Oeffentl. Anstalten, Universitäten, Gymnasien, höhere Schulen, Waisen-, Armen-, Kranken- u. Straf-Anstalten rc.	Hauptgewerbe und vorhandene Merkwürdigkeiten.
St. G.	—	—	Stärkefabr.
—	—	—	zwischen hier und dem Dorfe Lissa. Schlacht 5. Dezbr. 1757, zwischen Preußen und Oestreich.
Prov. Landschafts-Direktorium, Prov. Salz- u. Seehandlungs-Comtoir, Banco-Comtoir; Münzamt, Ob. L. G., St. G, Inquis., Ob. P. A., H. St A., Sitz ein. Erzbischofs und eines Domkapitels.	Comm. d. 6 Armee Corps Comm. d. 11. Div. Comm. d. 11. Inf.-, 11. Kav.-, 11 Ldw.-Brig. 2. Art.-Insp., Commdt. Stab, 1. u. 2. Bat. 10. Inf.-Rgts. Stab, 1. u. 2. Bat. 11. Inf.-Rgts. 2. Bat. 3. Garde Ldw.-R. 1. u. 2. Schützen-Abth. 1. Cuir.-Rgts. Stab, Comm. d. 2. Abtheil. 2. reit.- u. 5.6.7. F.-Cp. d. 6. Art.-Br. 2. Ing.-, 2. Pion.-Insp., 1. Bat. 10. Ldw.-Regts.	Universität, 4 Gymn, ev. u. kth. Schullehrer-Semin., St. Elisabeths-Hosp., 3 Krankenh., Waisenhaus, Taubstummen-Lehr-Institut, Blindenanstalt, 1 Mönchs- u. 2. Nonnenkl.	Haupt- und Residenzstadt; ehem. Festung, Zucker-, Puder-, Berliner-Blau-, Garn-, Woll-, Seiden-, Lein- u. Wachsleinwand-, Hut-, Baumwoll-, Leder-, Gold- u. Silber-, Tabacks-fabr.; bedeut. Handel in Wolle, Materialwaaren, Leinwand, Holz, Garn, Wachs; Vieh u. Wollmärkte. — Schlacht 22. Novbr. 1757 zw. Preußen u. Oestreich. — Belag. 1741, 57, 60.
L. u. St. G., P. A.	Stab, 1. u. 2. Esk. 4. Husaren-Regts.	—	Tabacksbau u. Fabr., Tuchweb., Papiermühle.
St. G.	—	—	Taback-Garten- u. Krappbau.
St. G., Inquis., P. A., Ob. Berg-Amt.	Füs.-Bat. 10. Inf.-Rgts. Füs.-Bat. 11. Inf.-Rgts. 2. Bat. 11. Ldw.-Rgts.	Gymn., Irren-anst. im Arbeitshause	bedeut. Tuch- u. Leinweb., Tabackfabr., Wachsbleiche, Viehmarkt; gut gebaut, war ehemals eine Festung; Belag. 1741. 1807; Schloß.
St. G.	—	—	Brau., Brantwbr. off. Ort.
—	—	—	Torfgräberei.
—	—	—	Kalksteinbruch.
—	—	—	Schlacht 10. April 1741 zw. Preußen und Oestreich.
St. G., P. A.	3. u. 4. Esk. 4. Hus.-Rgts.	—	Wachsbleiche, Tuch-, Leder-, Hutfabr., Getr.-, Vieh- u. Wollmarkt; Hussitenkirche.
St. G., P. E.	—	—	Brauer., Tuchfabr., Handel; Schloß.
St. G.	3. reit-Comp 5. Art.-Br.	—	Hopfenbau, Zeugweberei, Wachsbleiche, Töpfer.

Name des Orts.	Geographische Lage.	Anzahl der Privat-Wohnhäuser u. Größe der Kreise nach geogr. Q.-Meilen.	der Einwohner mit Militair.	Civil-Verwaltungs-Behörden.
16. Kreis Frankenstein.	. .	8,6 QM	40,693	
St. Frankenstein ($9\frac{1}{2}$ M.)	a. d. Pausebach	520	4,888	Krst.
= Silberberg . .	am Fuß des befestigten Schloßberges	169	1,701	—
= Reichenstein . .	am Fuß des Jauerberges	238	1,451	—
= Wartha	a. d. Neiße	106	823	—
17. Kreis Reichenbach.	. .	6,68 QM	42,981	
St. Reichenbach ($8\frac{1}{2}$ M.)	am Fuß des Eulengebirge u. am Bach Peil	430	3,681	Krst.
D. Langenbielau .	1 M. südl. von Reichenbach	565	6,725	—
= Peterswaldau .	1 M. westl v. Reichenbach	403	3,400	—
= Gnadenfrei . .	2 M. s. östl. v. Reichenbach	50	1,500	—
18. Kreis Schweidnitz.	. .	10,95 QM	52,874	
St. Schweidnitz (7 M.)	a. d. Weistritz	648	8,530	Krst.
= Freiburg (Freiberg)	a. d. Polsnitz	249	1,797	—
= Zobten	am Fuß des Zobtenberges	139	1,276	—

Behörden. Justiz-, Post-, Zoll- und Steuer-, Forst-, Bergwerks-, rc. Behörden.	Militair-Behörden und garnisonirende Truppentheile.	Oeffentl. Anstalten, Universitäten, Gymnasien, höhere Schulen, Waisen-, Armen-, Kranken- u. Straf-Anstalten rc.	Hauptgewerbe und vorhandene Merkwürdigkeiten.
St. G., P. A.	3. reit-Comp. 6. Art.-Br. 3. Bat. 11. Ldw.-Rgts. 1. Abth. 11. Inv.-Comp.	—	Getrhand. in das Schlesische Gebirge, Leder, Tuch- u. Leinwandfabr., Strumpfstrickerei, Stärkefabr., Potaschsied., Salpeterhütten, Scheidewasserbrennerei.
St. G., P. E.	Commdt. 12. F.-Cp. d. 6. Art.-Br. Comm. d. 6. Pion.-Abth. 3 Garnis.-Comp. d. 11. Division	—	eine freie Bergstadt, 1375 F. über d. Meeresfläche, Tuchhandel.
St. G., Berg-G., P. E., B. A.	Det. d. 12. Inv.-Comp.	—	freie Bergstadt, bedeut. Arsenikwerke, Wachsbleiche, Stärkefabr.
—	—	—	berühmter Wallfahrtsort.
St. G.	—	Waisenhaus	Baumwoll-, Leinw-, Stärke-, Tuchfabr, Spinnerei, Getraidemkt.; Schlacht 16. Aug. 1762 zw. Preußen u. Oestreich, Convention 27. Juli 1790 zw. Preußen und Oestreich.
—	—	—	1 M. lang, Raschweb., Kattun- u. Baumwollfabr., Leinwandbleiche.
—	—	—	bedeut. Woll- u. Baumwollwaarenfabr.
—	—	—	Herrnhuter Kolonie; bedeut. Fabrik-Anlagen.
St. G., Inquis., P. A., H. St. A.	Commdt. Stab, 1. u. 2. Bat. 7. Inf.-Regts. Comm. d. 3. Abth. 9. 10. 11. 12. Fuß-Comp. d. 5. Art.-Brig. Comm. d. 5. Pion.-Abt. 6. u. 7. Inf.-Rgts. Garnis.-Comp 1. Bat. 7. Ldw.-Rgts.	kath. Gymn., Nonnenklost., Correktionsh.	Festung, Tuchweb., Zwirn-, Lederfabr., Papiermühle, Garn-, Getr.-, Vieh-, Wollmärkte. Belag. 1757, 58, 61, 62, 1807.
St. G.	—	—	Lederfabr., Kalkbruch, Garnmarkt; Schloß des Grafen v. Hochberg.
St. G.	—	—	Marmorbrüche, Ackerbau; auf dem Zobtenberge 1200 Fuß hoch eine Wallfahrtskirche.

Name des Orts.	Geographische Lage.	Anzahl der Privat-Wohnhäuser u. Größe der Kreise nach geogr. Q.-Meilen.	Anzahl der Einwohner mit Militair.	Civil-Verwaltungs-Behörden.
19. Kreis Striegau.	. .	5,34 QM	21,115	
St. Striegau (9¼ M.)	am striegauer Wasser	345	3,105	Krst.
20. Kreis Waldenburg.	. .	7,12 QM	40,169	
St. Gottesberg . .	am Abhange d. Gebirges	234	1,960	—
" Waldenburg oder Waldenberg (10¼M.)	a. d. Polsnitz	150	1,914	Krst.
" Friedland . . .	a. d. Steinau	185	831	—
Fl. Charlottenbrunn	. .	80	577	—
D. Ob. Salzbrunnen	1 M nördl. v. Waldenburg	—	970	—
" Altwasser . . .	¼ M. nördl. v. Waldenburg	—	1,059	—
21. Kreis Glatz.	. .	15,66 QM	68,042	
St. Glatz (12½ M.) . (böhm. Kladzko)	a. d. Neiße	544	5,855	Krst.
" Neurode . . .	a. d. Walditz	388	4,208	—
" Reinerz (Durnik)	a. d. Weistritz	250	1,418	—
" Wünschelburg . (Hradek)	nahe an der Heuscheuer	156	1,073	—
" Lewin	. .	170	910	—
D. Schlegel	2 M. nördl. v. Glatz	—	1,585	—
" Cudowa	1 M nördl. v. Lewin	—	278	—
22. Kreis Habelschwerdt.	. .	14,43 QM	39,680	
St. Habelschwerdt . (14½ Meile.) (böhm. Bistrize)	a. d. Mündung der Weistritz in die Neiße	332	1,945	Krst.
" Mittelwalde . .	a. d. Neiße	229	1,232	—
" Landeck	a. d. Biele	202	1,226	—

Behörden. Justiz-, Post-, Zoll- und Steuer-, Forst-, Berg-werks- ꝛc. Behörden.	Militair-Behörden und garnisonirende Truppentheile.	Oeffentl. Anstalten, Universitäten, Gymnasien, höhere Schulen, Waisen-, Armen-, Kranken- u. Straf-Anstalten ꝛc.	Hauptgewerbe und vorhandene Merkwürdigkeiten.
St. G.	—	Jungfraunkl.	Lederfabr., Lein- u. Tuchweb. Schlacht 4. Juni 1745 zw. Preußen u. Oestreich.
St. G.	—	—	Bergbau auf Silber u Steinkohlen; Strumpfstrickerei, offener Ort.
St. G., Berg-G., B. A.	—	—	die 4. Gebirgshandelsstadt, Leinwandhandel, Leinwanddruckerei; Steinkohlengrube, Bergwerk.
St. G.	—	—	Garn- u. Leinwandhandel; dem Grafen v. Hochberg gehörig.
—	—	—	Sauerbrunnen, Leinwandh., Steinkohlengruben.
—	—	—	Gesundbrunn. mit 3 Quellen.
—	—	—	Sauerbr. mit 3 Quellen, Steinkohleng., Marmor.
St. G., Inquisitor., P. A., F. J.	Combt., 38. Inf.-Rgts. Comm. d. 3. Abth. u. 9. 10 11. Fuß-Comp. d. 6. Art.-Brig. Comm. d. 6. Pion.-Abth. 23. Inf.-R. Garn.-Comp. 1. Bat. 11. Ldw.-Rgts.	kath. Gymn.	Festung, Strumpfstrickerei, Damast-, Tuch-, Leinw.-, Lederfabr. Belag. 1760.
St. G.	—	—	bedeut. Tuchweberei.
St. G., P. E	—	—	Sauerbrunnen, Tuchweberei, Papiermühle.
St. G.	2. Abth. d. 11. Inv.-Cp.	—	Tuchweberei.
St. G.	—	—	Leinwand- u. Garnmarkt.
—	—	kath. Schullehrer Semin.	
—	—	—	Gesundbr., Eisenwerk.
St. G., P. E.	—	Krankenhaus.	Tuch-, Leinwand-, Lederfabr, Steinschleif. Affaire 14. Febr. 1745 zwisch. Preußen und Oestreich.
St. G., H. Z. A.	—	—	Bleichen, offener Ort.
S. G.	—	—	2 warme, 1 kalte Schwefelquelle, Badeanstalt mit schönen Anlagen.

Name des Orts.	Geographische Lage.	Anzahl der Privat-Wohnhäuser u. Größe der Kreise nach geogr. Q.-Meilen.	der Einwohner mit Militair.	Civil-Verwaltungs-Behörden.
St. Wilhelmsthal oder Neustädtel .	am Fuß des Schneeberges	76	377	—
D. Nieder-Langenau	a. d. Neiße	—	370	—
II. Reg.-Dep. Oppeln.				
1. Kreis Kreuzburg.	. .	9,86 QM	25,952	
St. Kreuzburg (6 M.)	a. d. Stoberau	279	3,007	Krst.
" Pitschen	bei den Pitschner Bergen	242	1,450	—
" Konstadt . . .	unf. d. Stoberau	173	1,139	—
2. Kreis Rosenberg.	. .	17,29 QM	30,035	
St. Rosenberg (6 M.) (poln. Olesno.)	am Ursprung d. Stoberau	266	1,905	Krst.
" Landsberg . . . (poln. Gorzow.)	a. d. Briesnitz	109	750	—
3. Kreis Oppeln.	. .	27,57 QM	57,006	
St. Oppeln . . . . (54¾ M. von Berlin.)	a. d. Oder	446	5,203	Sitz der Regier., Krst.
" Krappitz . . .	am Einfl. der Hotzenplotz in die Oder	194	1,394	—
Fl. Proskau . . .	a. Proskauer Wasser	—	622	—
D. Malapane . . .	a. d. Malapane	—	142	—
4. Kreis Gr. Strelitz.	. .	16,75 QM	30,790	
St. Ujest (Ujast) . .	a. d. Klodnitz	230	1,667	—
" Gr. Strelitz (5 M.)	. .	164	1,196	Krst.
" Leschnitz	a. d. Oder	148	873	—
5. Kreis Lublinitz.	. .	19,13 QM	28,041	
St. Gutentag . . . (poln. Dobridzien)	. .	244	1,725	—
" Lublinitz (8½ M.) (poln. Lubenski)	am Lubetzkoberge	189	1,343	Krst.
Fl. Woschnick . . .	. .	—	904	
6. Kreis Tost.	. .	16,35 QM	44,099	
St. Gleiwitz	a. d. Klodnitz	418	3,893	—
" Peiskretscham . (poln. Piscowice)	. .	324	2,486	—
" Tost (7¼ M.) . . (poln. Toszek)	. .	148	969	Krst.

Behörden. Justiz-, Post-, Zoll- und Steuer-, Forst-, Berg-werks- 2c. Behörden.	Militair-Behörden und garnisonirende Truppentheile.	Oeffentl. Anstalten, Universitäten, Gymnasien, höhere Schulen, Waisen-, Armen-, Kranken- u. Straf-Anstalten 2c.	Hauptgewerbe und vorhandene Merkwürdigkeiten.
—	—	—	Feldbau.
—	—	—	Sauerbrunnen.
St.G., P.E., Hüttenamt.	—	großes Armen- u. Arbeitsh.	Baumwollsp., Woll-, Leinwand-, Strohhutfabr.
St.G.	—	—	Brauer., Branntwbr.
St.G., P.E.	—	—	Ackerbau, offener Ort.
P.E.	—	Augustinerkl.	Lederfabr., Leinweb., Tuch-, Hutmacher, Viehhand.
H.Z.A.	—	—	Töpfer, Handel, unter den Einwohnern viel Juden.
St.G., P.A., H.St.A.	3. Bat. 23. Ldw.-Rgts.	kath. Gymn.	Lederf., Bienenzucht, Brantwbr., Handel mit Material- u. Eisenwaaren.
St.G., P.E.	—	—	Grütze, Leinweb., Kalksteinfelsen.
F.J.	—	—	Fayence- u. Steingutfabr., königl. Schloß.
Hüttenamt.	—	—	das älteste u. ausgedehnteste Eisenhüttenwerk, aus 4 Anlagen bestehend.
St.G.	—	—	Schloß.
St.G., P.E.	2. Bat. 23. Ldw.-Rgts.	—	Eisenhütten, Leinweber.
St.G.	—	—	offener Ort.
St.G., P.E.	—	—	Eisenhandel, Frachtfahrt, herrschaftl. Schloß.
St.G.			
St.G., Inquis., P.A., Hüttenamt.	Stab u.1.Esk.2.Ulan-R. 1.Bat. 22. Ldw.-Rgts.	kath. Gymn.	Hopfenbau, Bierbr., Tuchw., königl. Eisengießerei.
St.G.	—	—	Lein-, Tuchweb., Kürschner.
St.G., P.E.	—	—	Tuchweber.

Name des Orts.	Geographische Lage.	Anzahl der Privat-Wohnhäuser u. Größe der Kreise nach geogr. Q.-Meilen.	Anzahl der Einwohner mit Militair.	Civil-Verwaltungs-Behörden.
Fl. Kieferstaedtel . (poln. Sosniszowitz)	unf. der Birawka oder dem Jacobswalder Bach	65	519	
7. Kreis Beuthen.	. .	14,6 QM	37,401	
St. Tarnowitz . . .	. .	271	2,266	—
= Beuthen, Ober Beuthen (11¾ Meil.) (poln. Byton)	a. d. Klodnitz	346	2,231	Krst.
Fl. Mislowitz . . .	a. d. Przemza	103	660	
= Georgenberg . .	. .	48	540	—
D. Friedrichshütte	1 M. von Tarnowitz	—	123	—
= Friedrichsgrube		—	133	—
= Königshütte . .	1 M. östl. von Beuthen	—	443	—
8. Kreis Pleß. Der Kreis bildet das Fürstenthum Pleß, dem Fürsten von Anhalt-Cöthen-Pleß gehörig.	. .	18,96 QM	41,958	
St. Nikolai . . .	. .	252	2,398	—
St. Pleß (16¾ M.) . (poln. Pszczyna)	a. d. Pozinka	241	2,136	Krst.
= Berun	. .	92	618	—
9. Kreis Rybnick. Der Kreis gehört zum Herzogthum Ratibor.	. .	15,39 QM	36,103	
St. Sorau . . . . (poln. Zyory)	a. d. Rudka	253	2,185	—
= Rybnick (13¾ M.)	a. d. Rudka	232	1,831	Krst.
= Loslau	a. d. Losnitz	182	1,373	—
Fl. Pilchowitz . . .	a. d. Birawka o. d. Jacobswalder Bach	60	493	—
10. Kreis Ratibor.	. .	15,75 QM	55,991	
St. Ratibor (10½ M.)	a. d. Oder	415	4,823	Krst.

Behörden. Justiz-, Post-, Zoll- und Steuer-, Forst-, Bergwerks- rc. Behörden.	Militair-Behörden und garnisonirende Truppentheile.	Oeffentl. Anstalten, Universitäten, Gymnasien, höhere Schulen, Waisen-, Armen-, Kranken- u. Straf-Anstalten rc.	Hauptgewerbe und vorhandene Merkwürdigkeiten.
freistandesh. G, Bg.-G., P. A., Berg- u. Hüttenamt	—	—	bedeut. Bleibergwerke, silberhaltiges Erz, Schrotgieß, Salpetersied., Galmey-, Eisensteingruben.
St. G.	4. Esk. 2. Ulan.-Rgts.	—	Tuchweb, Töpfer, Galmey; Standesherrschaft.
—	—	—	Bleibergwerk.
—	—	—	Silber- u. Blei-Hüttenwerke.
—	—	—	
Hüttenamt.	—	—	bedeut. Eisen- u. Zinkhütte.
P. E.	—	—	offener Ort.
freistandesh. G., P. A. H. Z. A. im Dorf Zabrze-Berun.	2. Esk. 2. Ulan.-Rgts.	—	Wachsbleichen, Leder-, Wollf.
St. G.	—	—	Tuch- u. Leinweb., Handel; statt des Pflasters Bohlen in d. Straßen; viel Juden.
St.G., P.E., F. J., Hüttenamt.	Invaliden.	—	Lederfabr., königl. Eisenhüttenwerk, Steinkohlengr.
St. G., P. E	—	—	off. Ort mit einem Schloß.
—	—	Krankenanstalt der barmherz Brüder.	
Ob L. G, St. G., P. A., H. St. A.	3. Esk. 2. Ulan.-Rgts. 3. Bat. 22. Ldw.-Rgts.	Gymnasium, Hospital.	Lein- u Tuchweb., Tabacksf., Gerb., Hanfmärkte, hohe Ofen, Potaschsied.; die Oder wird hier schiffbar. Gehört dem Landgrafen v. Hessen-Rothenburg, als Besitzer des Herzogthums Ratibor.

Name des Orts.	Geographische Lage.	Anzahl der Privat-Wohnhäuser u. Größe der Kreise nach geogr. Q.-Meilen.	Anzahl der Einwohner mit Militair.	Civil-Verwaltungs-Behörden.
St. Kranowitz . . .	unf. d. Zinna	—	1,501	
„ Hultschin . . .	unf. d. Oppa oder Aupa	221	1,393	—
Fl. Zaudiz	. .	—	912	—
„ Beneschau . . .	unw. d. Oppa	—	391	—
11. Kreis Kosel.	. .	12,73 QM	35,301	
St. Kosel (6½ M.) (poln. Kozle) .	a. d. Oder	201	1,594	Krst.
D. Jacobswalde . .	3 M. südöstl. von Kosel	—	730	—
„ Blechhammer .	a. d. Klodnitz	—	350	—
12. Kreis Leobschütz.	. .	13,07 QM	56,258	
St. Leobschütz (7½ M.) (böhm. Hlubzien)	am Fuß des Gebirges	489	4,224	Krst.
„ Bauerwitz . . .	. .	278	1,816	—
„ Katscher . . . . (böhm. Kettré)	a. d. Zinna	199	1,446	—
Fl. Deutsch Neukirch .	a. d. Zinna	—	774	—
„ Tropplowitz . .	. .	—	276	
13. Kreis Neustadt.	. .	14,94 QM	52,174	
St. Neustadt (7½ M.) (poln. Prudnik)	a. d. Prudnik	448	4,132	Krst.
„ Zülz . . . . . (poln. Biala)	a. d. Biala	244	2,582	—
„ Ob. oder Kl. Glogau (poln. Gorny Glogow)	a. d. Hotzenplotz	299	2,386	—
Fl. Klein Strelitz .	a. d. Biala	90	672	
„ Steinau . . .	a. d. Steinau	70	610	
14. Kreis Falkenberg.	. .	11,29 QM	26,739	
St. Falkenberg (3 M.) (poln. Niemodin)	a. d. Steinau	130	1,149	Krst.
„ Schurgast . . .	a. d. Neiße	67	450	—
Fl. Friedland . . .	a. d. Steinau	60	524	—

Behörden. Justiz-, Post-, Zoll- und Steuer-, Forst-, Bergwerks- ꝛc. Behörden.	Militair-Behörden und garnisonirende Truppentheile.	Oeffentl. Anstalten, Universitäten, Gymnasien, höhere Schulen, Waisen-, Armen-, Kranken- u. Straf-Anstalten ꝛc.	Hauptgewerbe und vorhandene Merkwürdigkeiten.
St. G.	—	—	Tuchweber, } gehören d. Fürsten v. Lichtenstein, als Besitzer des Fürstenth. Troppau u. Jägersdorf.
—	—	—	Steinkohlengruben,
—	—	—	— —
St. G., Inquis., P. E.	Commdt., Füs.-Bat. 22. u. Füs.-Bat. 23. Inf.-R. 8. Fuß-Comp. 6. Art.-Br. Comm. d. 6. Pion.-Ab. 12. Div.-Garnis.-Comp. 2. Bat. 22. Ldw.-Rgts.	Minoritenkl.	Festung, Belag. 1745, 58, 60. Vertheidigung 1807.
—	—	—	Messingwerke, Eisenwerk, Galmei- u. Papiermühle.
—	—	—	bedeut. Blechhammer mit einer großen Walze.
Fürstenth.-G., St. G., P. A.	4. Esk. 6. Hus.-Rgts.	kath. Gymn., Waisen-Erziehungsanst.	Garnhand, Strumpffabr., Lein- u. Tuchweber.
St. G.	—	—	bedeut. Ackerbau, herumziehende Schuhmacher, Torfgräberei.
St. G.	—	—	Leinweber, off. Ort (zum Erzbißthum Olmütz gehörig)
—	—	—	Gypsbrüche.
St. G., Inquis., P. A. H. Z. A.	Stab u. 2. Esk. 6. Hus.-R.	Gymn., Krankenanstalt der barmherzigen Brüder.	Lein-, Tuch-, Flanellweb., Spitzenknöpp., Hand. mit Ungarwein; regelmäßig gebaut. — Affaire 1745, 79.
St. G.	—	—	Spitzenknöpp, viel Juden, die ein eigenes Gericht haben, hebr. Buchdruckerei.
St. G., P. E.	3. Esk. 6. Hus.-Rgts.	kathol. Schullehrer-Seminarium.	Garnhandel.
St. G., P. E.			
P. E.			

Name des Orts.	Geographische Lage.	Anzahl der Privat-Wohnhäuser u. Größe der Kreise nach geogr. Q.-Meilen.	Anzahl der Einwohner mit Militair.	Civil-Verwaltungs-Behörden.
15. Kreis Neiße.	. .	13,91 QM	67,340	
St. Neiße (7 M.) . .	a. d. Neiße u. Biela	604	7,422	Krst.
= Patschkau . . .	a. d Neiße	324	2,367	—
= Ziegenhals . .	am Bielafl.	296	2,020	—
16. Kreis Grottkau.	. .	10,03 QM	31,063	
St. Grottkau (5½ M.)	. .	212	1,736	Krst.
= Ottmachau . .	a. d. Neiße	234	1,638	—
III. Reg. = Dep. Liegnitz.				
1. Kreis Grünberg.	. .	15,41 QM	39,182	
St. Grünberg (14¼ M.)	. .	1,191	9,751	Krst.
= Deutsch Wartenberg	a d. Ochel	123	787	—
= Rothenburg . .	a. d Oder	91	760	—
= Saabor	am Hammer	59	408	—
= Kontop	. .	55	336	—
2. Kreis Freistadt.	. .	16,26 QM	39,328	
St. Freistadt (11 M.)	. .	474	2,921	Krst.
= Beuthen, Nieder Beuthen	a. d. Oder	376	2,428	—
= Neusalz	a. d. Oder	209	2,089	—

Behörden. Justiz-, Post-, Zoll- und Steuer-, Forst-, Bergwerks- ꝛc. Behörden.	Militair-Behörden und garnisonirende Truppentheile.	Oeffentl. Anstalten, Universitäten, Gymnasien, höhere Schulen, Waisen-, Armen-, Kranken- u. Straf-Anstalten ꝛc.	Hauptgewerbe und vorhandene Merkwürdigkeiten.
Königl. Fürstenthums-G., P. A.	Comm. d. 12. Div. Comm. d. 12. Inf.-, 12. Kav.-, 12. Ldw.-Brig Commdt. Stab 1 u. 2. Bat. 22. Inf.-Rgts. Stab 1. u. 2. Bat. 23. Inf.-Rgts. Hdw.-Comp. d 5 Art.-B 1. Abth. u. Hdw.-Cp. d. 6. Art.-Brig. 6. Pion.-Abth., 22. Inf.-Rgts. Garnis.-Comp. 1. Bat. 23. Ldw.-Rgts.	kath. Gymn.	Festung, Gartenbau, Bierbr., Garn- u. Getrhand. — Belag. 1741, 58, 1807.
St. G., P. E.	1 Det. d. 11. Inv.-Comp.	—	Leinwand- u. Garnh., Wachs- und Leinwandbleichen.
St. G., P. E.	2. Abth. d. 12. Inv.-Cp.	—	Flachsbau, Bleichen, Garnhand., Eisenhammer.
L. u. St. G., P. A.	1. Esk. 6. Hus.-Rgts.	Correctionsh. für kathol. Weltpriester.	Garnmarkt.
L. u. St. G.	1. Abth. d. 12. Inv.-Cp.	—	Bierbr., Branntwbr., Leinweb., Taback- u. Gurkenbau; Schloß.
L. u. St. G., Inquisitor., P. A.	3. Jäger-Abth.	—	bedeut. Tuchweb., Leder-, Tabacksfabr., Obst- und Weinbau.
P. E.			
—	—	—	Tuchweber, Weinbau.
P. E.			
St. G.	2. Bat. 12. Ldw.-Rgts.	Waisenanstalt.	Tuch- u. Hutmacher, Leinwandmärkte, Weinbau, Strumpfstrickerei.
St. G., P. E.	3. Esk. 1. Ulan.-Rgts.	—	Tuchfabr., Töpfer; Weinb., Leinwandmärkte; offener Ort; gehört dem Fürsten zu Schönaich-Carolath.
L. u. St. G.	—	—	Lederfabr, Schiffbau, Schifffahrt, Möbel- und Wagenfabr., Herrnhutergemeinde.

Name des Orts.	Geographische Lage.	Anzahl der Privat-Wohnhäuser u. Größe der Kreise nach geogr. Q.-Meilen.	Anzahl der Einwohner mit Militair.	Civil-Verwaltungs-Behörden.
St. Neustädtel . . .	a. d. Oder	158	1,044	—
= Schlawa . .	an einem fischreichen See	114	626	—
3. Kreis Sagan. . . . Der Kreis bildet das Fürstenthum Sagan, und gehört der Herzoginn von Curland.	. .	20,49 QM	39,398	
St. Sagan (12 M.) .	am Bober	585	4,580	Krst.
= Priebus	a. d. Neiße	172	806	—
= Halbau	a. d. Tschirne	115	711	—
= Naumburg . .	am Bober	128	709	—
Fl. Freiwaldau . .	. .	80	697	—
4. Kreis Sprottau.	. .	13,47 QM	26,546	
St. Sprottau (9¾ M.)	a. d. Sprotta u. d. Bober	351	2,767	Krst.
= Primkenau . . .	. .	155	1,109	—
5. Kreis Glogau.	. .	17,3 QM	56,581	
St. Glogau, Gr. Glogau (7¼ M.)	a. d. Oder	576	8,332	Krst.
= Polkwitz	. .	171	1,332	—
Fl. Quaritz	. .	263	1,478	—
= Kuttlau	. .	184	1,065	—
D. Riedschütz . . .	. .	—	416	—
6. Kreis Lüben.	. .	11,75 QM	24,066	
St. Lüben (3 M.) . .	an dem kalten Bach	343	3,518	Krst.
Fl. Kotzenau . . .	. .	—	329	—
D. Barschau oder Borschau	1 M. östl. von Polkwitz	—	222	—

Behörden. Justiz-, Post-, Zoll- und Steuer-, Forst-, Bergwerks- rc. Behörden.	Militair-Behörden und garnisonirende Truppentheile.	Oeffentl. Anstalten, Universitäten, Gymnasien, höhere Schulen, Waisen-, Armen-, Kranken- u. Straf-Anstalten rc.	Hauptgewerbe und vorhandene Merkwürdigkeiten.
St. G.	—	—	Tuchweb., Brauer, Pferdemärkte, offener Ort.
St. G.	—	—	Tuchweber, Bierbrauerei.
St. G., Standesherrl. G., P. A.	2. reit Comp. d. 5. Art.-B.	—	Siegellack-, Spitzen-, Leinwand-, Tuchfabr., Kupferhammer, Getrmarkt. gut gebaut.
St. G.	—	—	Lein-, Woll- u. Baumwollw.
—	—	—	Garn- u. Wollspinnerei; Schloß u. schöne Kirche.
P. E.	—	—	Tuch- u Leinbandfabr., gutes Töpfergeschirr; off. Ort.
—	—	—	dem Grafen von Kospoth gehörig.
L. u. St. G., P. E.	Det. d. 9. Inv.-Comp.	—	Zeugweb, Lederfabr., Leinwanddruck., Oelschläg, Papiermühle.
—	—	—	offener Ort.
Ob. L. G., L. u. St. G., Inq., P. A., H. St. A.	Comm. d 9. Div. Comm. d. 9. Inf.-, 9. Kav.-, 9. Ldw.-Brig., Commdt. 6. Inf-Rgt., Comm. d. 2. Abth., 5. 6. 8. Fuß-Cp. d. 5 Art.-Brig. 5. Pion.-Abth., 18. Inf.-Rgts. u. 9. Divis.-Garnis.-Comp. 3. Bat. 18. Ldw.-Rgts.	evangel. und kath. Gymn., Waisenhaus.	Festung, Lein-, Tuchweb., Taback-, Siegellackfabr., Papiermühle, in einer fruchtbaren Ebene; Belag. 1741, 1807, 1813 u. 1814.
St. G., P. E.	2. Esk. 1. Ulan.-Rgts.	—	Tuchfabr., zum Theil gut gebaut, mit Wald umgeben.
—	—	—	Flachsbau.
—	—	—	Schloß des Fürst. v. Carolath.
—	—	v. Schmettau-Schwerinsches Fräuleinstift.	
St. G., P. A.	Stab. u. 1. Esk. 1. Ulan.-Rgts.	—	Tuch- und Flanellfabr., berühmter Zwieback.
—	—	—	Schloß u. schöner Garten.
—	—	Gräfl. v. Campaninisches Fräuleinstift.	

Name des Orts.	Geographische Lage.	Anzahl der Privat-Wohnhäuser u. Größe der Kreise nach geogr. □-Meilen.	Anzahl der Einwohner mit Militair.	Civil-Verwaltungs-Behörden.
7. Kreis Bunzlau.	. .	19,82 □M	44,944	
St. Bunzlau (6½ M.)	am Bober	426	3,799	Krſt.
„ Naumburg . .	am Queis	234	1,256	—
8. Kreis Goldberg.	. .	11,24 □M	42,039	
St. Goldberg . . .	am Fuß d. Riesengebirges u. a. d. Katzbach	700	5,938	—
„ Hainau (2½ M.) .	a. d. ſchmalen Deichſe	342	2,760	Krſt.
9. Kreis Liegnitz.	. .	11,19 □M	43,809	
St. Liegnitz . . . (37 M. von Berlin.)	a. Zuſammenfluß d. Katzbach und des Schwarzwaſſers	899	9,055	Sitz der Regierung, Krſt.
„ Parchwitz . . .	a. d. Katzbach	120	1,001	—
D. Wahlſtadt . . .	1½ M. ſüdöſtl. v. Liegnitz	—	280	—
10. Kreis Jauer.	. .	6,24 □M	25,348	
St. Jauer (2½ M.) . .	am Fuß d Riesengebirges u. a. d. wüthenden Neiße	525	4,858	Krſt.
11. Kreis Schönau.	. .	6,5 □M	24,451	
St. Schönau (4¾ M.)	a. d. Katzbach	158	898	Krſt.
„ Kupferberg . .	am Bober	121	734	—
12. Kreis Bolkenhain.	. .	6,09 □M	28,592	
St. Bolkenhain (4½ M.)	a. d. wüthenden Neiße	202	1,331	Krſt.
„ Rudelſtadt . . .	am Bober	225	906	—
„ Hohenfriedberg	am Abhange eines Berges	78	596	—

Behörden. Justiz-, Post-, Zoll- und Steuer-, Forst-, Berg-werks- 2c. Behörden.	Militair-Behörden und garnisonirende Truppentheile.	Oeffentl. Anstalten, Universitäten, Gymnasien, höhere Schulen, Waisen-, Armen-, Kranken- u. Straf-Anstalten 2c.	Hauptgewerbe und vorhandene Merkwürdigkeiten.
St. G., P. A.	2. Bat. 6. Ldw.-Rgts. 1. Abth 9. Inv.-Comp.	Waisen-, Schulanst., Landschullehrer-Semin.	Bleichen, Tuch- u. Leinweb., Strumpffabr., berühmte Töpfer, Getr. - u. Pferdemarkt, in einer sehr angenehmen Gegend.
L. u. St. G.	—	—	Töpfer, Lein- u. Tuchweb., gehörte sonst dem dortigen jetzt aufgehobenen Benediktiner Nonnenkloster.
L. u. St. G., P. A.	—	—	bedeut. Tuchweb, Obstbau.
L. u. St. G., P. A.	4. Esk. 1. Ulan.-Rgts	—	Tuch-, Leinweb., Garnmkt.; Gefecht 26. May 1813 zw. Preußen u. Franzosen.
L. u. St. G, Inquis., P. A., H. St. A., F. J.	Füs.-Bat. 7. Inf.-Rgts. 1. Bat. 18. Ldw.-Rgts.	Ritterakadem, Gymnas., Waisenh.	bedeut. Tuchfabr., Baumwoll-, Leinwand, Leder-, Stärke-, Tabacksfabr.; Handel; Schlacht 15. Aug. 1760 zw. Preußen u. Oestr.
L. u. St. G., P. A.	—	—	Tuchweber.
—	—	—	Mongolenschlacht 8. April 1241; in der Gegend 26. Aug. 1813, die Schlacht a. d. Katzbach, Denkmal von Eisen; Lein- u. Tuchweb.
L. u. St. G., Inq., P. A.	Comm. 6. u. 7. Inf.-R. 3. Bat. 7. Ldw.-Rgts.	Irrenanstalt im Arbeitsh., Zuchthaus.	Strumpfstrick, Leder-, Tabacksfabr., Garnh., Bratwürste; gut gebaut.
St. G.	—	—	Wollenzeugfabr.
B. A.	—	—	Kupferwerke, Bergbau auf Schwefel, Vitriol; Leinwandhandel.
St. G.	—	—	Lein- u. Tuchweb., Lederf., Bierbr., Garn- u. Getreidemarkt.
—	—	—	Bergstadt, Kupfer, Arsenik, Silber.
—	—	—	off. Ort mit einem Schloß; Schlacht 4. Juni 1745 zw. Preußen u. Oestreich.

Name des Orts.	Geographische Lage.	Anzahl der Privat-Wohnhäuser u. Größe der Kreise nach geogr. □-Meilen.	Anzahl der Einwohner mit Militair.	Civil-Verwaltungs-Behörden.
13. Kreis Landshut.	. .	7,54 □M	34,054	
St. Landshut (6½ M.)	am Fuß d. Gebirges u. am Bober	456	3,112	Krst.
= Liebau	am Bober	259	1,662	—
= Schömberg (Schönberg)	im Gebirge	276	1,660	—
14. Kreis Hirschberg.	. .	11,1 □M	49,454	
St. Hirschberg (7¼ M.)	am Einfl. des Zackens in d. Bober	819	5,736	Krst.
= Schmiedeberg .	am Fuß der Schneekoppe u. am Eglitzbache	552	3,840	—
D. Warmbrunn . .	am Zackenfl.	297	1,883	—
= Schreibershau .	am Fuß des hohen Reifträgers	330	1,879	—
15. Kreis Löwenberg.	. .	13,72 □M	62,485	
St. Löwenberg (6¼ M.)	am Bober	380	3,386	Krst.
= Greiffenberg .	am Queis	381	1,984	—
= Friedeberg . . .	am Queis	346	1,349	—
= Liebenthal (Löwenthal)	. .	249	1,224	—
= Lähn	am Bober	168	800	—
D. Plagwitz . . .	¼ M. östl. von Löwenberg	—	—	—
= Flinsberg . . .	am Queis	168	1,800	—

Behörden. Justiz=, Post=, Zoll= und Steuer=, Forst=, Berg=werks= ꝛc. Behörden.	Militair = Behörden und garnisonirende Truppentheile.	Oeffentl. Anstalten, Universitäten, Gymnasien, höhere Schulen, Waisen=, Armen=, Kranken= u. Straf=Anstalten ꝛc.	Hauptgewerbe und vorhandene Merkwürdigkeiten.
St. G., P. A.	—	—	starker Leinwandhand.; liegt 1368 Fuß über der Meeresfläche.
H. Z. A.	—	—	Bierbr, Leinweb., Leinwandmarkt; offener Ort.
—	—	—	Leinwand= u. Garnh. Bleichen; offener Ort.
St. G., P. A.	2. Bat. 7. Ldw.=Rgts.	evang. Gymn., Waisenanst.	die 1. Gebirgshandelsstadt, berühmter Leinwandhd., Zucker=Raffinerie, schön u. regelmäßig gebaut in einem angenehmen Thale, liegt 1090 Fuß hoch.
St. G.	—	—	die 3. Gebirgshandelsstadt, Leinwandh., große Leinwandfabr. mit 400 Arbeitern, Leindamastw., hoher Ofen, Tabacksfabr., über ½ M. lang am Berge gebaut; — liegt 1388 Fuß über der Meeresfläche.
—	—	—	Warme Bäder, Glas und Steinschleif., Schleier= u. Leinweb., Bleichen; in der Nähe der Kynast, ein altes Felsenschloß.
—	—	—	bedeut. Glashütten, Vitriolwerk; in der Nähe der Zacken u. Kochelfall.
L. u. St. G., P. E.	3. Bat. 6. Ldw.=Rgts. Det. d. 9. Inv.=Comp.	—	Tuchfabrik., Wachsbleiche, Sandsteinbruch, großer Getreidemarkt, in einem fruchtbaren Thale.
St. G., P. E.	—	—	Leinwandh.; großer Garnmarkt; in der Nähe der Greiffenstein.
St. G.	—	—	Steinschleif, Leinw., Sauerbrunnen, offener Ort.
L. u. St. G.	—	—	Lothgarnspinn., Wallfahrts=, offener Ort.
St. G.	—	—	Pottaschsied., Bierbr.; offener Ort.
—	—	Anstalt für unheilbare Kranke, Irren = Aufbewahrungs = und Siechenanstalt.	
—	—	—	Sauerbrunnen.

Name des Orts.	Geographische Lage.	Anzahl der Privat-Wohnhäuser u. Größe der Kreise nach geogr. Q.-Meilen.	Anzahl der Einwohner mit Militair.	Civil-Verwaltungs-Behörden.
16. Kreis Lauban.	. .	9,45 QM	54,839	
St. Lauban (9¼ M.)	am Queis	753	4,430	Krst.
= Marklissa . . .	am Queis	277	1,219	—
= Seidenberg . .	a. d. Katzbach u. d. Burgberge	234	979	—
= Schönberg . . .	am rothen Wasser	173	854	—
= Wiegandsthal .	am Fuß d. Tafelfichte u am Lausitzbach	—	408	—
Fl. Goldentraum .	am Queis	334	1,305	—
17. Kreis Görlitz.	. .	16,22 QM	45,059	
St. Görlitz (12½ M.)	a. d. Neiße	1,087	10,352	Krst.
= Reichenbach . .	a. d. Schöps	131	792	—
18. Kreis Rothenburg.	. .	21,17 QM	34,592	
St. Muskau . . .	a. d. Neiße	205	1,376	—
= Rothenburg (12¾ M.)	a. d. Neiße	125	775	Krst.
D. Niesky	2 M. westl. v. Rothenburg	62	650	—
19. Kreis Hoyerswerda.	. .	16,28 QM	22,336	
St. Hoyerswerda (22 M.)	a. d. schwarzen Elster	289	1,789	Krst.
= Wittichenau . :	a. d. schwarzen Elster	387	1,592	—
= Ruhland . : . .	a. d. schwarzen Elster	209	986	—

Behörden. Justiz-, Post-, Zoll- und Steuer-, Forst-, Bergwerks- rc. Behörden.	Militair-Behörden und garnisonirende Truppentheile.	Oeffentl. Anstalten, Universitäten, Gymnasien, höhere Schulen, Waisen-, Armen-, Kranken- u. Straf-Anstalten rc.	Hauptgewerbe und vorhandene Merkwürdigkeiten.
Ger.A., P.A.	Det. d. 9. Inv.-Comp.	evang. Gymn., Magdalenenstift, Krankenanst. der barmherzigen Schwestern.	Bleichen, Tuch-, Baumwoll., Leinwandf., Walkmühle, Handel mit Leinwand.
Ger. A.	—	—	ansehnliche Leinweb., Töpfer, Garnhandel.
Ger. A.	—	—	Tuchweber, Töpfer.
Ger. A.	—	—	Lein- u. Wollweber.
—	—	—	Leinweb., Garn- u. Leinwandbleichen, Drechsler, Mechaniker.
—	—	—	Leinweb., Garnhand.; vom Graf Nostitz in Folge eines Traums 1662 erbaut.
L. G., Ger.-A., Inquis., P. A.	1.Bat.3.Garde Ldw-R. 1. Bat. 6. Ldw.-Rgts.	evang. Gymn., Waisenhaus, Zuchthaus.	bedeut. Tuchfabr. mit großen Spinnmaschienen, Woll-Strumpf-, Stahl-, Leinwandfabr., Gerb., Leinwandhandel.
Ger.A., P.A., H. Z. A.			
Standesh.G., P. A.	—	—	Tuchweb., Wachsbleiche, Tabacks- u. Rübsaamenbau, Alaunbergwerk, Töpfer, Mineralbad; Schloß, dem Fürsten v. Pückler-Muskau gehörig
Ger. A., P.E.	—	—	Leinweber, Fischer.
P. E.	—	theol. Semin und Schule der Herrnhuter.	Baumwoll-, Lein-, Leder-, Kutschen- u. lakirte Blechwaarenfabr.; der Ort gehört der ev. Brüdergemeinde
St. G., Just.-A., P. A., H. Z. A.	—	—	Lein-, Baumwoll- u. Wollbandfabr., Strümpfe u. Handschuhe.
—	—	—	Gemüsebau, Viehh., Pferdemarkt, Leinweber.
—	—	—	Fischh., Ackerb., Bienenzucht.

Name des Orts.	Geographische Lage.	Anzahl der Privat-Wohnhäuser u. Größe der Kreise nach geogr. □-Meilen.	Anzahl der Einwohner mit Militair.	Civil-Verwaltungs-Behörden.
F. Provinz Sachsen.				
I. Reg.-Dep. Magdeburg.				
1. Kreis Osterburg.	. .	18,12 □M	30,954	
St. Seehausen . .	am Alandfl.	338	2,325	—
„ Osterburg (11½ M.)	am Einfl. der Biese in die Uchte	265	1,778	Krst.
„ Werben	a. d. Elbe	286	1,622	—
„ Arendsee	am See gleich. Namens	228	1,434	—
2. Kreis Salzwedel.	. .	21,38 □M	33,248	
St. Salzwedel (13½ M.)	a. d. Jeetze	878	6,070	Krst.
„ Kalbe	a. d. Milde	178	1,333	—
Fl. Betzendorf . . .	. .	—	649	—
„ Gr. Apenburg . .	. .	—	470	
3. Kreis Gardelegen.	. .	23,28 □M	34,605	
St. Gardelegen (7 M.)	a. d. Milde	537	4,119	Krst.
„ Oebisfelde . . .	a. d. Aller	200	1,259	—
Fl. Weferlingen . .	a. d. Aller	—	1,422	
„ Klötze	. .	—	1,416	—
„ Walbeck	a. d. Aller	139	909	—
4. Kreis Stendal.	. .	15,73 □M	33,474	
St. Stendal (8¼ M.)	a. d. Uchte	917	5,643	Krst.
„ Tangermünde .	a. d. Mündung d. Tanger in die Elbe	622	3,445	—
„ Arneburg . . .	a. d. Elbe	264	1,277	—
„ Bismark . . .	. .	135	1,013	

Behörden. Justiz-, Post-, Zoll- und Steuer-, Forst-, Bergwerks-, rc. Behörden.	Militair-Behörden und garnisonirende Truppentheile.	Oeffentl. Anstalten, Universitäten, Gymnasien, höhere Schulen, Waisen-, Armen-, Kranken- u. Straf-Anstalten rc.	Hauptgewerbe und vorhandene Merkwürdigkeiten.
L. u. St. G., Kr. G., P. E.	—	—	Leinw.-, Lederfabr., Bierbr., Brantwbr., Kornhand.; Roßmärkte.
P. E.	—	—	Bierbr., Branntweinbr.
—	—	—	Viehzucht u. Kornhand; in einer fruchtbaren Gegend (die Wische).
P. E.	—	—	Bierbr., Branntwbr.; offener Ort.
L. u. St. G., P. A., H. Z. A.	—	Gymnasium.	Damastfabr., Drill- u. Zwillich, wollene Tücher, Zuckerraff.; die Jeetze wird hier schiffbar.
P. E.	—	—	starker Hopfenbau, Leinweb., Brantwbr., im sogenannten Kalbeschen Werder.
Kreis-Ger.			
L. u. St. G., P. A.	—	ev. Schullehr-Semin., reiches Hospital	Gerb., wollene Tücher, Leinweb., Bierbr., Gartenbau.
—	—	—	Gerb., Tabacks-, Zichorien-, Flachsbau; gehört d. Landgrafen v. Hessen-Homburg.
—	—	—	Zichorienfabr.; unweit des sumpfigen Waldes: Drömling.
—	—	—	Pottaschsiederei, Töpfer.
L. u. St. G., Kr. G., Inquis., P. A.	1. Bat. 26. Ldw.-Rgts.	Gymnasium, Waisenhaus	Gerb., Leinw., wollen Zeug-, Tapetfabr., Tabacksbau.
P. A.	—	—	Zucker-, Rüb- u. Leinölfabr., Tuch- u. Leinweb., Schifffahrt, Schiffbau, Kornh., Metallwaaren.
P. E.	—	—	Schifffahrt u. Kornhandel.

Name des Orts.	Geographische Lage.	Anzahl der Privat-Wohnhäuser u. Größe der Kreise nach geogr. Q.-Meilen.	Anzahl der Einwohner mit Militair.	Civil-Verwaltungs-Behörden.
5. Kreis Jerichow II.	. .	25,41 QM	37,970	
St. Genthin (6¾ M.)	a. d. Stremme u. am plauenschen Kanal	182	1,730	Krst.
„ Sandau	a. d. Elbe	285	1,517	—
„ Jerichow	unw. d. Elbe	236	1,242	—
6. Kreis Jerichow I.	. .	25,41 QM	43,266	
St. Burg	a. d. Ihle.	1,117	9,920	—
„ Ziesar	an einem ausgetrockneten See	287	1,876	—
„ Loburg	a. d. Ehle	277	1,556	—
„ Gommern . . .	a. d. Ehle	176	1,522	—
„ Möckern	a. d. Ehle	185	1,113	—
„ Leitzkau (3¾ M.) .	. .	147	974	Krst.
„ Görzke	a. d. Buckau	150	799	—
7. Kreis Kalbe.	. .	9,77 QM	40,897	
St. Schönebeck . . .	a. d. Elbe	626	5,669	—
„ Kalbe (3¾ M.) . .	a. d. Saale	519	4,147	Krst.
„ Aken	a. d. Elbe	514	3,055	—
„ Barby	a. d. Elbe	365	2,936	—
„ Gr. Salze . . .	. .	223	1,765	—
„ Staßfurth . .	a. d. Bode	163	1,595	—
„ Frohse	a. d. Elbe	125	728	—
D. Gnadau	. .	35	320	—

Behörden. Justiz-, Post-, Zoll- und Steuer-, Forst-, Bergwerks- 2c. Behörden.	Militair-Behörden und garnisonirende Truppentheile.	Oeffentl. Anstalten, Universitäten, Gymnasien, höhere Schulen, Waisen-, Armen-, Kranken- u. Straf Anstalten 2c.	Hauptgewerbe und vorhandene Merkwürdigkeiten.
L. u. St. G., P. A., H. St. A.	—	—	Bierbr., Brantwbr.; in der Nähe das Dorf Altenplatow mit Cichorien-, Oel-, Farbeholz- u. Metallwaarenfabr.
L. u. St. G., P. A.	—	—	Viehzucht, schöne Weideplätze an den Elb-Niederungen.
Just.-Amt.	—	—	Tabacks- u. Getrbau, Bierbr. Branntwbr.
L. u. St. G., P. A., H. St. A.	2. Bat. 26. Ldw.-Rgts.	—	bedeut. Tuchw, Walkmühle, Tabacksfabr. u. Tabacksbau; Metallwaaren.
Justizamt, P. E.	—	—	Siebmacher, Tuch-, Lein-, Strumpfweb.
L. u. St. G., J. A., P. E.	—	—	Branntwbr., Bierbr.
L. u. St. G., P. E.	—	—	Tabacksf., Bierbr., Branntweinbr.
St. G.	—	—	Brauer., Branntwbr., Gefecht 5. April 1813 zw. Preußen u. Franzosen.
—	—	—	ist am 5. April 1813 bei dem Gefecht bei Möckern fast ganz abgebrannt.
—	—	—	Steingutfabr., Dachschindeln; offener Ort.
P. E., Salzamt, Salz Schiffahrts-Expedition.	2. Esk. 10. Huf.-Rgts.	—	großes Salzwerk, chemische Fabr. von 220 Präparaten; Bierbr., Branntwbr. Lohgerb., Soolbad.
L. u. St. G., P. A.	—	—	wollen Zeugfabr., Cichorienfabr.; fruchtbarer Boden.
mit Kalbe ein L. u. St. G., P. E.	—	—	Tabacks-, Tuch- u. Lederfabr.
P. E., H. Z. A., F. J.	—	Herrnhuter-Pädagog.	Tuch-, Leinweb., Seifensied., Bierbr., Branntwbr., Obstbau, gut gebaut.
L. u. St. G.	—	Zwangs-Arbeitsanstalt.	Saline, Salzbäder.
P. E., Saline-Verwaltung.	—	—	Salzwerk.
—	—	—	Schifffahrt.
—	—	—	Herrnhuter; Zeug-, Strumpfweb., Lichtzieh., Seifensied., Lakirwaaren- und Lederhandschuhfabrik.

7

Name des Orts.	Geographische Lage.	Anzahl der Privat-Wohnhäuser u. Größe der Kreise nach geogr. Q.-Meilen.	der Einwohner mit Militair.	Civil-Verwaltungs-Behörden.
8. Kreis Wanzleben.	. .	9,88 □M	33,737	
St. Wanzleben . .	. .	339	2,562	Krst.
(Gr. Wanzleben 2⅛ M.)				
= Egeln	a. d. Bode	266	2,354	—
= Seehausen . .	. .	284	1,825	—
= Hadmersleben .	a. d. Bode	143	805	—
9. Kreis Magdeburg.	. .	0,91 □M	47,822	
St. Magdeburg . . (19⅞ M. von Berlin.)	a. d. Elbe	3,060	38,531	Sitz des Ober-Präsidii, und der Reg., Krst.
19. Kreis Wolmirstädt.	. .	12,11 □M	30,473	
St. Wolmirstädt (2 M.)	a. d. Ohre	325	2,696	Krst.
11. Kreis Neu-Haldensleben.	. .	12,25 □M	33,877	
St. Neu-Haldensleben (3½ Meile)	a. d. Ohre	463	3,817	Krst.
D. Alt-Haldensleben	a. d. Ohre	—	1,000	—
= Wefensleben . .	a. d. Aller	—	522	—
12. Kreis Oschersleben.	. .	9,43 □M	28,416	
St. Oschersleben .	a. d. Bode	519	2,996	—
= Wegeleben . .	unw. d. Bode	244	2,157	—
= Gröningen (5 M.)	a. d. Bode	357	2,096	Krst.
= Kroppenstädt .	. .	347	1,787	—
= Schwanebeck . .	a. d. Limbach	353	1,696	—

Behörden. Justiz-, Post-, Zoll- und Steuer-, Forst-, Bergwerks- ꝛc. Behörden.	Militair-Behörden und garnisonirende Truppentheile.	Oeffentl. Anstalten, Universitäten, Gymnasien, höhere Schulen, Waisen-, Armen-, Kranken- u. Straf-Anstalten ꝛc.	Hauptgewerbe und vorhandene Merkwürdigkeiten.
L. u. St. G., P. E.	—	—	Leinw., Runkelrübenzuckerf.
P. E.	—	—	Wollweber.
—	—	—	Quadersteinbrüche.
P. E.	—	—	Ackerbau.
Ob. L. G., L. u. St. G., Inquisitor., Ob. P. A., Prov. St. Direktion, H. St. A., Banko-Comtoir.	Comm. d. 4. Armee-Cps. Comm. d. 7. Div. Comm. d. 7. Inf.-, 7. Kav.-, 7. Ldw.-Brig Commdt. 2. Bat 2. Garde Ldw -R Stab 1. u. 2. Bat. 26. Inf -Rgts. 27. Inf -Rgt. Stab u. 3. Abth. der 3. Art.-Brig. 3. Pion.-Abth. 3 Garnis.-Comp. der 7. Division.	Dom-Gymnasium, Dom-Semin, ev. Schullehrer-Seminar., Kunst- und Baugewerks-Schule, Hebammen-Lehranst., 4 Waisenhäuser, Zucht- und Arbeitshaus, 3 Bibliothek.	Festung; bedeut. Handel, besonders in Wein u. Getr.; Seiden-, Baumwoll-, Leder-, Zucker-, Cichorien-, Tabacks-, Steingutfabr. Dom, Belag. 1631.
L. u. St. G., P. E.	—	—	Tisch- u. Handtücher, Drell u. Gerb., Bleichen.
L. u. St. G., P. E.	3. Bat. 26. Ldw.-Rgts.	—	Gerb, Flanell-, Boy, Kupferhammer, Steingutfab., Zuckersied.; fruchtbare Gegend. Dabei das Dorf Hundisburg mit einer Maschienenfabrik.
—	—	—	große landwirthschaftl. Gewerbeanst. v. Nathusius.
Berg- u. Hüttenverwalt.	—	—	Steinkohlbergwerk, Vitriolwerk, Sandsteinbruch.
L. u. St. G.	—	—	Lein- u. Baumwollwaaren, Gerber.
—	—	—	Rüb- u. Leinölfabr., Oelraff., Woll- u. Leinweb.
—	—	—	Papiermühle, Flachsb., Wollweb.; Schloß.
—	—	—	starker Flachsbau.
—	—	—	Wachslichtf, Flachs-, Anis- u Kümmelbau; bei der Stadt eine kath. Wallfahrtskapelle.

Name des Orts.	Geographische Lage.	Anzahl der Privat-Wohnhäuser u. Größe der Kreise nach geogr. Q.-Meilen.	Anzahl der Einwohner mit Militair.	Civil-Verwaltungs-Behörden.
13. Kreis Aschersleben.	. .	7,44 QM	40,029	
St. Quedlinburg (7¼ M.)	a. d. Bode	1,635	11,546	Krst.
= Aschersleben . .	a. d. Eine u. Wipper	1,181	8,498	—
= Kochstädt . . .	= .	208	1,285	—
Fl. Dittfurth . . .	a. d. Bode	—	1,819	—
D. Thale	a. d. Bode	200	1,143	—
14. Kreis Halberstadt.	. .	8,37 QM	43,719	
St. Halberstadt (6¾ M.)	a. d. Holzemme	1,779	15,627	Krst.
= Osterwiek . . .	a. d. Ilse	443	2,877	—
= Hornburg . . .	a. d. Ilse	418	2,383	—
= Derenburg . . .	a. d. Holzemme	384	2,165	—
= Dardesheim . .	am Ortsberge	250	1,338	—

Behörden. Justiz-, Post-, Zoll- und Steuer-, Forst-, Bergwerks- ꝛc. Behörden.	Militair-Behörden und garnisonirende Truppentheile.	Oeffentl. Anstalten, Universitäten, Gymnasien, höhere Schulen, Waisen-, Armen-, Kranken- u. Straf-Anstalten ꝛc.	Hauptgewerbe und vorhandene Merkwürdigkeiten.
L. u. St. G., P. A.	3. u. 4. Esk. 7. Cuir.-R.	Gymnasium, Waisenhaus, Heilanstalt für Augenkranke und Blinde.	Gerb., wollene Strümpfe, Siegellack-, Essigfabr.; von alter Bauart.
L. u. St. G., P. A.	Stab, 1. 3. u. 4. Esk. 10. Hus.-Rgts.	Gymnasium, Waisenhaus, Rettungs-Institut.	Roth-, Weißgerb., Tuchf., Branntw.- u. Liqueurfabr., einträglicher Ackerbau im fruchtbarsten Boden, in der Nähe die Burg Ascanien.
—	—	Privat-Taubstummen-Institut zu Schadeleben.	in der Nähe der Hackelberg.
—	—	—	Flachsbau.
F. I.	—	—	königl. Blechhüttenwerk; in der Nähe die Roßtrappe, ein Felsen zu beiden Seiten der Bode. — 1½ M. davon der Mädchensprung u. Alexisbad, an der Selke.
Ob. L. G., L. u. St. G., Inquis., P. A., H. Z. A.	Stab, 1. u. 2. Esk. 7. Cuir.-Rgts. 1. Bat. 27. Ldw.-Rgts.	Gymnasium, evang. Schullehr.-Semin., Taubstummen-Lehrinstitut, Zucht- u. Arbeitshaus.	Woll- u. Leinwandfabr., Leder-, Strumpfwirk., Alebrauer, Brantwbr., Tabacksfabr.; in der Nähe die Spiegelberge.
L. u. St. G.	—	—	Tuch-, Lein- u. Baumwollfabr., Essigbr., Rübölf., Gerb.; in der Nähe das Dorf Abbenrode mit Papier- u. Eisenwaarenfabr.
—	—	—	Rüböl- u. Pottaschfabr., Gerb., Hopfenbau.
—	—	—	Rübölfabr., Papiermühle, Schaafzucht.
—	—	—	Steinbrüche.

Name des Orts.	Geographische Lage.	Anzahl der Privat-Wohnhäuser u. Größe der Kreise nach geogr. □-Meilen.	Anzahl der Einwohner mit Militair.	Civil-Verwaltungs-Behörden.
15. Kreis Wernigerode. Bildet die Grafschaft Wernigerode, und gehört dem Grafen zu Stolberg-Wernigerode.	. .	5,3 □M	14,677	
St. Wernigerode (9½ M.)	am nördl Fuß d. Harzes am Zillicherbach	655	4,603	Krst.
Fl. Ilsenburg . . .	a. d. Ilse	230	1,769	—
II. Reg.-Dep. Merseburg.				
1. Kreis Liebenwerda.	. .	14,61 □M	28,756	
St. Mühlberg . . .	a. d. Elbe	366	2,419	—
" Liebenwerda (14½ M.)	unw. d. Einfl. der kl. Elster in d. schwarze Elster	210	1,470	Krst.
" Uebigau	a. d. Elster	123	1,232	—
" Elsterwerda . .	a. Zusammenfluß d. Pulsnitz u. schw. Elster	123	1,009	—
" Ortrand . . .	a. d. Pulsnitz	152	989	—
" Wahrenbrück . .	a. d. Elster	91	569	—
Fl. Mückenberg . .	a. d. schwarz. Elster	—	560	—
2. Kreis Torgau. .	. .	17,95 □M	40,689	
St. Torgau (10½ M.)	a. d. Elbe	562	5,267	Krst.
" Belgern	a. d. Elbe	304	2,077	—
" Dommitsch . .	a. d. Elbe	215	1,384	—

Behörden. Justiz-, Post-, Zoll- und Steuer-, Forst-, Berg-werks- rc. Behörden.	Militair-Behörden und garnisonirende Truppentheile.	Oeffentl. Anstalten, Universitäten, Gymnasien, höhere Schulen, Waisen-, Armen-, Kranken- u. Straf-Anstalten rc.	Hauptgewerbe und vorhandene Merkwürdigkeiten.
Ob.G.,Gräfl. Stadtvogtei, P. A.	—	—	Kupferhammer, Drell und Zwillich, Brantwbr., Gerb., Essigfabr.; ein herrschaftliches Schloß mit vielen Sehenswürdigkeiten.
—	—	—	Gestüt, Metall u. Eisenwaaren, Papiermühlen, Essig- und Pulverfabr.; gräfl. Schloß.
Ger. A., H. Z. A.	2. reit Cp. 3. Art.-Br.	—	Schifffahrt, Weinbau, Holz- u. Getrhandel; Schloß; Schlacht 1547 zw. Kaiser Karl V. u. Kurfürst Joh. Fried. von Sachsen.
Ger. Amt, Inquis., P. E., F. J.	—	—	Erdgeschirr, Kohlbau, Flachsmarkt; Schloß.
—	—	—	Fischer., Flachsmärkte.
Ger. A., P.E.	—	—	große Holzniederl. u. Flößerei, Erdgeschirr; Schloß.
Ger. A.	—	—	Brauer., Tuchweb., Gerb.
—	—	—	Flachsmärkte.
—	—	—	Tuchfabr.; in der Nähe das Eisenwerk Lauchhammer.
L. G., Ger. A., P. A.	Comm. d. 6. Div. Comm. d. 6. Inf.- u. 6. Kav.-Brig. Commdt., Stab, 1. u. 2. Bat. 20. Inf.-Rgts., Comm. d. 2. Abth., 5. 6. 7. 8. Fuß-Comp. d 3. Art.-Br., Comm d. 3. Pion.-Abth., 20. Inf.-R. Garnis-Cp.	Gymnasium.	Festung; wollen Zeugfabr., berühmtes Bier, Gerb., Weinbau, Schiffbau, Handel mit Getr., Holz, Kalk; Belag. 1813; in der Nähe die Schlacht am 3. Nov. 1760 zwisch. Preußen und Oestreich.
Ger. A.	—	—	Steingutfabr., Weinbau.
Ger. A.	4. Esk. 3. Hus.-Rgts.	—	war eine Komthurei d. deutschen Ordens.

Name des Orts.	Geographische Lage.	Anzahl der Privat-Wohnhäuser u. Größe der Kreise nach geogr. □-Meilen.	Anzahl der Einwohner mit Militair.	Civil-Verwaltungs-Behörden.
St. Prettin	unw. d. Elbe	232	1,369	—
„ Schildau, Schilda	unw. d. sächsischen Gränze	172	978	—
Fl. Annaburg . . .	am neuen Graben	—	1,476	—
Vorwerke Gradiß, Döhlen, Repiß u. Neu-Blesern . . .	bei Torgau	—	—	—
3. Kreis Schweinitz.	. .	18,79 □M	28,831	
St. Herzberg (13¾ M.)	a. d. Elster	309	2,163	Krst.
„ Jessen	a. d. Elster	287	1,760	—
„ Schlieben . . .	. .	204	1,314	—
„ Schweinitz . . .	a. d. Elster	147	1,016	—
„ Seyda	mitten im Walde	117	927	—
„ Schönewalde .	am Flößbach	130	827	—
4. Kreis Wittenberg.	. .	16,23 □M	34,504	
St. Wittenberg (10¾ M.)	a. d. Elbe	900	6,400	Krst.
„ Kemberg . . .	. .	303	2,065	—
„ Schmiedeberg .	zw. d. Elbe u. Mulde	302	1,860	—
„ Zahna	. .	297	1,508	—
„ Pretsch	a. d. Elbe	166	1,141	—
D. Wartenburg . .	unw. d. Elbe, dem Einfl. d. Elster gegenüber	—	612	—
5. Kreis Bitterfeld.	. .	11,85 □M	33,770	
St. Bitterfeld (6 M.)	unw. d. Mulde	293	2,461	Krst.

Behörden. Justiz-, Post-, Zoll- und Steuer-, Forst-, Bergwerks- 2c. Behörden.	Militair-Behörden und garnisonirende Truppentheile.	Oeffentl. Anstalten, Universitäten, Gymnasien, höhere Schulen, Waisen-, Armen-, Kranken- u. Straf-Anstalten 2c.	Hauptgewerbe und vorhandene Merkwürdigkeiten.
Ger. A.	8. Inv.-Comp.	Straf- und Besserungs-Anst. zu Lichtenburg.	Flachsbau; in einer fruchtbaren Gegend.
Ger. A.			
Ger. A., P. E., F. J.	—	Soldaten-Knaben-Erziehungsanstalt.	königl. Schloß; hieß sonst Lochau, daher der Name d. Lochauer-Heide, in welcher 1547 Kurfürst Joh. Fried. v. Sachsen nach der Schlacht v. Mühlberg gefangen wurde.
—	—	—	königl. Hauptgestüt.
Ger.A., P.A.	3. Bat. 32. Ldw.-Rgts.	—	Tuchweb., Töpfer., Handel mit Flachs u. Fischen.
Ger.A., P.E.	—	—	Tuchweb., Weinbau, Fischer., Viehmärkte.
Ger. A.	—	—	Flachshandel.
Ger. A.	—	—	Weinbau; Schloß.
Ger. A.	—	—	Flachsb., Leinw., Wollmkte.
—	—	—	Flachs- u. Wachshandel.
L.G., Ger.A., P. A., H. Z. A.	Commandt. Füs.-Bat. d. 26. Inf.-R. 7. Fuß-Comp. d. Garde Art.-Brig. Comm d. 3. Pion.-Abth 24. Inf.-Rgts. u. 6. Div. Garnis.-Comp.	Prediger-Semin., Gymn., Hebammen-Lehr-Institut	Festung; Tuch- u. Leinweb., Färb., Fischer., Bierbr., Gartenbau u. Holzhand. Geschichtliche Merkwürdigkeiten; Bombardement 1760, Belag. 1813 u. 14.
Ger. A.	1. Esk. 3. Hus.-Rgts.	—	Hopfen- u. Tabacksb., Fisch., Tuch- u. Leinweber.
Ger. A., P. E.	2. Esk. 3. Hus.-Regts.	—	Weinbau, Tuch- u. Leinw., in der Nähe die Dübensche Haide.
Ger. A.	—	—	Hafergrütze, Leinweber,
Ger.A., P. E.	—	Irrenanstalt.	Brauer., Brennerei, Sägemühle; Schloß.
—	—	—	Schlacht 3. Oct. 1813 zw. Preußen u. Franzosen.
Ger.A., P.E.	—	Armen-Institut zu Roitsch.	Tuchweb., Töpfer.; fruchtbare Gegend.

Name des Orts.	Geographische Lage.	Anzahl der Privat-Wohnhäuser u. Größe der Kreise nach geogr. Q.-Meilen.	Anzahl der Einwohner mit Militair.	Civil-Verwaltungs-Behörden.
St. Düben	a. d. Mulde	305	2,336	—
= Zörbig	a. d. Fühne	372	2,249	—
= Gräfenhainichen	. .	220	1,551	—
= Brehna	a. d. Rheine	206	1,236	—
D. Schwemsal . . .	1 M. nördlich von Düben	—	480	—
6. Kreis Delitsch.	. .	13,87 QM	39,783	
St. Eilenburg . .	auf einer Insel d. Mulde	621	4,813	—
= Delitsch (5 M.) .	am Löberbach	462	3,421	Krst.
= Landsberg . .	auf einer Anhöhe, an der Fühne	126	737	—
7. Saalkreis.	. .	9,45 QM	31,464	
St. Wettin (4¾ M.) .	a. d. Saale	383	2,750	Krst.
= Könnern . . .	unw. d. Saale	357	2,045	—
= Löbejün	unw. d. Fühne	295	2,008	—
D. Rothenburg . .	a. d. Saale	102	1,011	—
8. Kreis Halle.	. .	0,67 QM	25,098	
St. Halle (2 M.) . .	a. d. Saale	2,150	23,688	Krst.

Behörden. Justiz=, Post= Zoll= und Steuer=, Forst=, Berg= werks= rc. Behörden.	Militair = Behörden und garnisonirende Truppentheile.	Oeffentl. Anstalten, Universitäten, Gymnasien, höhere Schulen, Waisen=, Armen=, Kranken= u. Straf=Anstalten rc.	Hauptgewerbe und vorhandene Merkwürdigkeiten.
Ger.A., P.E.	Stab u.3.Esk.3.Hus.=R.	—	Tuch= u. Leinweb., Gerb., Branntwbr, Holz=, Getr.=, Viehhand.; hier fängt die große Dübensche Haide an.
Ger. A.	—	—	Tabacksfabr., Gartenbau, Schloß.
Ger. A., P.E.	—	—	Tabacks= u. Hopfenbau, Tabacksfabr.; mit Waldungen umgeben.
Ger. A.	—	—	Tabacks=, Kümmel=, Krapp= u. Weinbau.
Alaun=Verwaltung.	—	—	königl. Alaunbergwerk.
Ger. A., Inquis., P. A.	—	—	Baumwollwaarenf., Wachsbleiche, Zeug=, Tabacksf., Bierbr., Hopfenbau.
Ger. A., P.A.	1. Bat. 32. Ldw.=Rgts.	—	Tabacksf., wollene Strümpfe, Handschuhe; Schloß.
Ger.A., P. E.			
Ger.A., P.E., B. A.	—	—	Steinkohlenbergwerk, Zichorienfabr., Oelmühle, Tabacksfabr.; bei der Stadt eine alte Burg, d. Stammsitz der Grafen von Wettin, den Vorfahren des Sächsischen Regentenhaus.
Ger. A., P.E.	—	—	Mühlsteinbruch, Bierbrau., Bergbau.
Ger. A , P.E.	—	—	Steinkohlenbergwerk
—	—		bedeut. Kupferwerke, Salpeterläuterung; künstliche Salpeterpflanzung, Schiffbau, Mühlen= u. Quadersteinbrüche.
L. G., Ger. A., Inquis., P.A., H. St. A., Ob. Bg. A., Salinen=Verwaltung.	Comm. d. 3. u. 4. Jäg.=Abth. 4. Jäger=Abtheilung. 2. Bat. 31. Ldw.=Rgts.	Universität, Pädagogium u. lat Schule, Frankische Waisenh., Kansteinsche Bibelanst., Kunst- u. Baugewerksschule, Frauleinstift m. 10 Stellen, Irrenanstalt, 3 Biblioth. u. 1 botan. Garten.	großes Salzwerk, Soolbad, Stärkefabr., chemische Fabrikate, Loh= u. Weißgerb., wollne Strumpfw., Flanellfabr, Halloren; Glaucha u. Neumarkt, ehem. Städte, jetzt Theile von Halle; in der Gegend Obstbau, Lerchenfang.

Name des Orts.	Geographische Lage.	Anzahl der Privat-Wohnhäuser u. Größe der Kreise nach geogr. Q.-Meilen.	Anzahl der Einwohner mit Militair.	Civil-Verwaltungs-Behörden.
9. Mansfeld-Seekreis.	. .	11,82 QM	36,090	
St. Eisleben (5¼ M.)	an einer Anhöhe in der Nähe von 2 Seen	940	6,532	Krst.
= Gerbstädt . . .	unweit der Schlenze	300	1,669	—
= Alsleben (Gr. Alsleben)	a. d. Saale	208	1,366	—
= Schraplau . . .	in einem tiefen Thale an d. Bache Weita	144	931	—
10. Mansfeld-Gebirgskreis.	. .	8,93 QM	29,567	
St. Hettstädt . . .	a. d. Wipper	517	2,859	—
= Ermsleben . .	a. d. Selke	325	1,719	—
= Mansfeld (6¾ M.)	am Thalbach	207	1,229	Krst.
= Leimbach . . .	a. d. Wipper	120	769	—
Fl. Wippra	a. d. Wipper	—	801	—
11. Kreis Sangerhausen.	. .	13,93 QM	64,166	
St. Sangerhausen (7 M.)	a. d. Gonna	625	4,224	Krst.
= Artern	a. d. Unstrut	391	2,311	—
= Stollberg . . .	am Harz	374	2,227	—
= Heringen . . .	a. d. Helme	280	1,884	—
= Wallhausen . .	a. d. Helme	164	904	—
= Kelbra	a. d. Helme	129	731	—
= Brücken	a. d. Helme	121	708	—
Fl. Gehofen	unw. d. Unstrut	. 120	796	
12. Kreis Eckartsberga.	. .	10,74 QM	30,422	
St. Kölleda (9 M.) .	a. d. Losse	368	1,892	Krst.
= Wiehe	. . .	242	1,434	—
= Heldrungen . .	a. d. Schmücke	272	1,220	—
= Eckartsberga .	am Fuß der Finnberge	185	1,155	—
= Bibra	am Saubach	168	850	—
D. Auerstädt . . .	1 M. südl. v. Eckartsberga	—	406	—

Behörden. Justiz-, Post-, Zoll- und Steuer-, Forst-, Berg-werks, rc. Behörden.	Militair-Behörden und garnisonirende Truppentheile.	Oeffentl. Anstalten, Universitäten, Gymnasien, höhere Schulen, Waisen-, Armen-, Kranken- u. Straf-Anstalten rc.	Hauptgewerbe und vorhandene Merkwürdigkeiten.
L. G., Ger. A., Berg-Ger., P. A., B. A.	Stab u. 1. Esk. 12. Hus.-Rgts.	Gymnasium.	Bergbau in der Umgebung auf Kupfer u. Silber, Tabacksfabr.; Luther wurde hier am 10. Nov. 1483 geboren.
Ger. A.	—	—	Kupferbergbau, off. Ort.
Ger. A.	—	—	Kümmelbau; gehört d. Herzoge von Anhalt-Dessau; Schloß.
Ger. A.	—	—	Gerb.; in der Nähe Stein- und Marmorbrüche.
Ger. A., P. E.	—	—	Kupferhammer u. Kupfersaigerhütte, Vitriol.
Ger. A.	—	—	Oelmühle, Tuch-, Hut- u. Leinwandfabr.
Ger. A.	—	—	Bierbr., Berg- u. Hüttenarbeit., Wollspinn., Steinbrüche; altes Felsenschloß.
—	—	—	Kupferhammer.
—	—	—	Leinweb., Bleichen; Schloß.
Ger. A., Inquis., P. E	3. Esk. 12. Hus.-Rgts. 1. Bat. 31. Ldw.-Rgts.	—	Kupferhammer, Pottaschf.; in der Gegend Kupferbergwerke und Kupferhütten, Braunkohlenlager.
Ger. A., P. A., Salinen-Verwaltung	2. Esk. 12. Hus.-Rgts.	—	königl. Salzwerk, Schloß.
P. E.	—	—	Bergbau auf Kupfer und Eisen, Getrhand., Leinweb, Messingfabr., Papiermühle; Schloß d. Grafen v. Stolberg.
Ger. A.	—	—	in der goldnen Aue.
—	—	—	Wollhand., Leinweb.
Ger. A.	—	—	in der goldnen Aue.
Ger. A.	—	—	Ackerbau.
Ger. A., P. E.	4. Esk. 12. Hus.-Rgts.	—	starke Viehzucht, Pottaschf., Lein- u. Tuchweb.
Ger. A.	—	—	Hanf- u. Rapsbau.
Ger. A.	—	—	Pottasch- u. Salpetersied.
Ger. A., P. E, H. Z. A.	—	—	Leder-, Woll-, Vitriol-, Schwefelfabr.
P. E.	—	—	Stahlbrunnen.
—	—	—	Schlacht 14. Oct. 1806 zw. Franzosen u. Preußen.

Name des Orts.	Geographische Lage.	Anzahl der Privat-Wohnhäuser u. Größe der Kreise nach geogr. Q.-Meilen.	Anzahl der Einwohner mit Militair.	Civil-Verwaltungs-Behörden.
13. Kreis Querfurt.	. .	11,32 QM	36,833	
St. Querfurt (4 M.)	am Quernabach	413	2,894	Krst.
= Freiburg . . .	a. d. Unstrut	289	1,738	—
= Laucha	a. d. Unstrut	248	1,291	—
= Nebra	a. d. Unstrut	222	1,130	—
= Mücheln . . .	. .	127	768	—
D. Roßbach	a.d.Geißelbach	—	259	—
14. Kreis Merseburg.	. .	9,94 QM	42,186	
St Merseburg . . (24¼ Meilen von Berlin.)	a. d. Saale	814	8,299	Sitz der Regier., Krst.
= Schkeuditz . . .	unw. d. weißen Elster	239	2,060	—
= Schaafstädt . .	. .	216	1,386	—
= Lützen	unw. d. Floßgrabens	228	1,360	—
= Lauchstädt . . .	a d. Lauche	144	947	—
D. Gr. Görschen . .	1 M. südöstl. v. Lützen	—	374	—
= Kötschau	1 M nördl. v. Lützen	—	235	—
= Teuditz	½ M. nördl. v. Lützen	—	254	—
= Dürrenberg . .	1½ M. nordwestlich von Lützen	—	220	—
15. Kreis Weißenfels.	. .	9,41 QM	35,847	
St. Weißenfels (2¼ M.)	a. d. Saale	568	5,596	Krst.
= Schkölen . . .	. .	178	1,105	—
= Osterfeld . . .	. .	131	887	—

Behörden. Justiz-, Post-, Zoll- und Steuer-, Forst-, Bergwerks- 2c. Behörden.	Militair-Behörden und garnisonirende Truppentheile.	Oeffentl. Anstalten, Universitäten, Gymnasien, höhere Schulen, Waisen-, Armen-, Kranken- u. Straf-Anstalten 2c.	Hauptgewerbe und vorhandene Merkwürdigkeiten.
Ger.A., Inq., P. A.	—	—	Kattundruck, Salpetersied., Pferde- Böttcher-, Topfwaarenmkt.; altes Schloß mit einem Warththurm.
Ger.A., P. E.	—	Hospital.	Weinbau, Tuch- u. Leinweb, Kalksteinb., altes Bergschloß, in einer sehr fruchtbaren Gegend; Gefecht am 21. Oct. 1813 zw. Preußen u. Franzosen.
Ger. A.	—	—	Tuchweb., Essigbrauer.
Ger. A.	—	—	Weinbau.
Ger. A.	—	—	Salpetersied., Pulvermühle.
—	—	—	Schlacht 5. Nov. 1757 zw. Preußen u. Franzosen.
Ger. A., P. A.	Comm. d. 8. Ldw.-Brig. Füs.-Bat. 32. Inf.-Rgts.	evang. Hoch- u. Domstift, Gymnasium, Armen-Versorgungs- u. Arbeitsanst., Waisenhaus.	Leinweb., Gerb., Essig-, Taback-, Papierfabr., Bierbr, Branntwbr.; dabei das königl. Landgestüt.
Ger.A., P.E., H. Z. A.	—	—	Ackerbau.
Ger. A.	—	—	Ackerbau.
Ger. A, P.A., H. Z. A.	—	—	Schlacht 6. Nov. 1632, wo Gustav Adolph blieb.
Ger. A.	—	—	Mineralbad mit angenehmen Anlagen; Schloß, in d. Gegend Braunkohlenlager.
—	—	—	Schlacht 2. May 1813; eisernes Denkmal.
—	—	—	gewerkschaftl. Salzsiederei.
—	—	—	gewerkschaftl. Salzsied., u. chemische Fabr.
Salzamt.	—	—	königl. Salzwerk, Braunkohlen-Bergbau.
Ger.A., P.A., F. J.	2. Bat. 31. Inf.-Rgts.	evang. Schullehr.-Semin., Waisenh. zu Langendorf.	Wollspinn., Töpfer., Gerb., Gold- u. Silberfabr., weißer Sandsteinbruch; die Saale wird hier schiffbar; ehemal. herzogl. Schloß auf dem Berge (Augustusburg).
—	—	—	Töpfer.
Ger. A.	—	—	Viehzucht, Wollspinn.

Name des Orts.	Geographische Lage.	Anzahl der Privat-Wohnhäuser u. Größe der Kreise nach geogr. □-Meilen.	der Einwohner mit Militair.	Civil-Verwaltungs-Behörden.
St. Teuchern . . .	. .	126	734	—
= Stößen	. .	114	612	—
= Hohen-Mölsen .	. .	84	302	—
16. Kreis Naumburg.	. .	2,25 □M	18,442	
St. Naumburg (3¾ M.)	a. d. Saale	1,141	9,794	Krst.
D. Kösen	a. d. Saale	—	637	—
= Schulpforta . .	a. d. Saale	17	388	—
17. Kreis Zeitz.	. .	4,52 □M	26,832	
St. Zeitz (5½ M.) . .	a. d. weißen Elster	621	7,475	Krst.
Fl. Kayna	a d. Schnaude	—	704	
= Krossen	a. d. weißen Elster	—	396	—
III. Reg.-Dep. Erfurt.				
1. Kreis Nordhausen.	. .	8,91 □M	41,687	
St. Nordhausen (10½ M.)	am südl. Fuß des Harzes	1,361	9,884	Krst.
= Benneckenstein .	am Fuß des Harzes	363	2,617	—
= Ellrich	a. d. Zorge	452	2,523	—
= Bleicheroda . .	a. d. Bode	302	2,016	—

Behörden. Justiz-, Post-, Zoll- und Steuer-, Forst-, Bergwerks- rc. Behörden.	Militair-Behörden und garnisonirende Truppentheile.	Oeffentl. Anstalten, Universitäten, Gymnasien, höhere Schulen, Waisen-, Armen-, Kranken- u. Straf-Anstalten rc.	Hauptgewerbe und vorhandene Merkwürdigkeiten.
—	—	—	Töpfer.. Flachsmarkt.
Ger. A.	—	—	Vieh-, Butter-, Käse-, Böttcherwaarenmkt.; in d. Gegend Braunkohlen-Bergb.
Ob. L. G., L. G., Ger. A., P. A., H. Z. A.	3. Bat. 31. Ldw.-Rgts.	evang. Hoch- u. Domstift, Gymnasium.	große Messe; Woll-, Leinwand-, Leder-, Seif-, Strumpf-, Bleiweisfabr., Vitriolbrennerei; Handel mit Wolle, Oel, Taback, Garn, Baumwollwaaren, Bettfedern. — Gothischer Dom mit 3 Thürmen; Hussiten, 1432.
Salin.-Verw.	—	—	königl. Salzwerk, Soolbad.
—	—	königl. Landesschule, 1543 gestiftet von Kurfürst Moritz von Sachsen.	war früher ein Cistercienser Kloster; Papierfabr.
Ger. A., Inquis., P. A., H. Z. A.	—	ev. Collegiatstift, Gymn, Irren-Versorgungs-Anst., Waisenhaus, Correktionsh.	Baumwollwaaren-, Lederf., Wachsbleiche, wollenZeugfabr.; Schloß (die Moritzburg), Thiergarten.
—	—	—	Eisenhammer, Kalksteinbr.; Schloß.
L. u. St. G., P. A., H. Z. A.	—	Gymnasium, Waisenhaus.	Tuch-, Baumwoll-, Tabacks- u. chemische Fabrik, Oelmühle, Viehmäster., Marmorschleifer; am Eingang der goldnen Aue; ehemal. freie Reichsstadt.
—	—	—	Metall-, Holzwaarenfabr.
—	—	—	Tuchweb., Papier-, Oelmühle; Harzhöhle: Kelle, eine Alabastergrotte.
P. E.	—	—	Zeugw., Gerb., Gartenbau, Leinwandbleichen.

Name des Orts.	Geographische Lage.	Anzahl der Privat-Wohnhäuser u. Größe der Kreise nach geogr. Q.-Meilen.	Anzahl der Einwohner mit Militair.	Civil-Verwaltungs-Behörden.
St. Sachsa	am Fuß des Harzes	212	1,204	—
D. Sorge (Zorge) .	a. d. Zorge	29	194	—
2. Kreis Worbis.	. .	7,35 QM	32,272	
St. Worbis (Stadt-Worbis) (10¾ M.)	am Ursprung d. Wipper	205	1,415	Krst.
Fl. Beuren	a. d. Leine	166	896	—
= Gr. Bodungen .	a. d. Bode	115	691	—
3. Kreis Heiligenstadt.	. .	7,61 QM	32,865	
St. Heiligenstadt . (11¾ Meilen.)	a. d. Leine	526	3,718	Krst.
Fl. Dingelstädt . .	a. d. Unstrut	332	2,021	—
4. Kreis Mühlhausen.	. .	9,1 QM	36,982	
St. Mühlhausen (7 M.)	a. d. Unstrut	1,611	9,729	Krst.
= Treffurt . . .	a. d. Unstrut	334	1,560	—
5. Kreis Langensalza.	. .	7,75 QM	27,334	
St. Langensalza (4¼ M.)	a. d. Salze	913	6,247	Krst.
= Tennstädt . . .	a. d. Schambach	517	2,527	—
= Thamsbrück . .	a. d. Unstrut	191	945	—
Fl. Gr. Gottern . .	a. d. Unstrut	345	1,650	—
= Gr. Vargula . .	a. d. Unstrut	187	745	
6. Kreis Weißensee.	. .	4,86 QM	18,344	
St. Sömmerda . .	a. d. Unstrut	401	2,115	—
= Weißensee (3¾ M.)	a. d. Helbe	387	1,836	Krst.
= Gebesee	am Einfl. der Gera in die Unstrut	337	1,554	
= Kindelbrück . .	a. d. Wipper	270	1,355	—

Behörden. Justiz-, Post-, Zoll- und Steuer-, Forst-, Bergwerks- rc. Behörden.	Militair-Behörden und garnisonirende Truppentheile.	Oeffentl. Anstalten, Universitäten, Gymnasien, höhere Schulen, Waisen-, Armen-, Kranken- u. Straf-Anstalten rc.	Hauptgewerbe und vorhandene Merkwürdigkeiten.
—	—	—	Eisenstein u. Marmor, Leinwand- u. Hutfabr.
Hüttenamt.	—	—	bedeut. Eisenhüttenwerk.
L. u. St. G., P. E.	—	Franziskaner Mönchskloster	Flanell-, Serge-, Rasch-, Lederfabr.
—	—	—	Wollweb, Garnspinn.
—	—	—	Wollzeugweber.
L. u. St. G., Inq., P.A., H. Z. A. P. E.	13. Inv.-Comp.	kath. Gymnasium, Hospital, Waisenh.	Wollspinn., hölzerne Wanduhren, Bierbr.; Schloß.
L. u. St. G., P.A., F.J.	3. u. 4. Esk. 8. Cuir.-R. 2. Bat. 27. Ldw.-Rgts.	Gymn., Waisenhaus.	Tuch- u. Raschfabr., Baumwollspinn., Leder-, Taback-, Leinweb., Teppichfabr.; ehem. freie Reichsstadt,
L. u. St. G.	—	—	Baumwollfabrik., Hopfen- u. Tabacksbau; bei der Stadt die Trümmern des Schlosses Nordmannstein.
Ger. A., P. A., H. Z. A.	Stab, 1. u. 2. Esk. 8. Cuir.-Rgts.	Latein. Schule, Armen- und Waisenhaus, Erziehungs-anst. zu Mülverstädt	Baumwoll-, Garn-, Seidenfabr., Halbseidene Zeuge, Salin. Schwefelbad; Papiermühlen, altes Schloß.
Ger. A., P. E.	1. reit Comp. 3. Art.-Br.	—	Salin. Schwefelbad, Flachsbau, Tabacksfab, Weber; in der Gegend wird Tuffstein gegraben.
—	—	—	Gartenbau, Leinw.; Schloß.
—	—	—	Gartenbau.
Ger. A., P. E.	—	—	Eisenwaarenfabr., Tuchweb.
Ger A, P. A.	—	Waisenhaus zu Strausfurt	Saflorbau.
Ger. A.	—	—	Papiermühle, Tuch- u. Leinweb., Gerb.

Name des Orts.	Geographische Lage.	Anzahl der Privat-Wohnhäuser u. Größe der Kreise nach geogr. □.-Meilen.	Anzahl der Einwohner mit Militair.	Civil-Verwaltungs-Behörden.
7. Kreis Erfurt.	. .	6,4 □M	40,342	
St. Erfurt . . . . (35¾ M. von Berlin.)	a. d. Gera	2,776	18,028	Sitz der Regier., Krst.
Fl. Wandersleben .	. .	196	628	
8. Kreis Ziegenrück.	. .	3,46 □M	10,115	
St. Gefell	. .	150	828	—
: Ranis	a. d. Saale	99	601	—
: Ziegenrück (9 M.)	a. d. Saale	106	568	Krst.
Fl. Liebengrün . .	unw. d. Saale	100	470	
: Gössitz	unf. d. Saale	94	381	
: Sparnberg . .	. .	57	304	
9. Kreis Schleusingen.	. .	8,82 □M	27,952	
St. Suhl	a. d. Aue oder Lauter	963	5,977	—
: Schleusingen (8 M.)	a. d. Erlau u. Nahe	287	2,354	Krst.
Fl. Benshausen . .	. .	266	1,532	—
: Schwarza . . .	. .	199	1,092	—
: Heinrichs . . .	a. d. Hasel	182	979	—

Behörden. Justiz-, Post-, Zoll- und Steuer-, Forst-, Bergwerks- ꝛc. Behörden.	Militair-Behörden und garnisonirende Truppentheile.	Oeffentl Anstalten, Universitäten, Gymnasien, höhere Schulen, Waisen-, Armen-, Kranken- u. Straf-Anstalten ꝛc.	Hauptgewerbe und vorhandene Merkwürdigkeiten.
Landgericht, G.A., Inq., P. A., H. St A	Comm. d. 8. Divis. Comm. d. 8 Inf.- u. 8. Kav.-Brig. Commandt. Stab, 1. u. Füs.-Bat. 31 Inf.-Rgts. Stab, 1. u. 2. Bat. 32 Inf.-Rgts. Comm. u. 4 Fuß-Cp. d 1. Abth. d 3. Art.-Br Comm. d. 3. Pion.-Abth 3 Garnis.-Cp d. 8. Div 3. Bat. 27. Ldw.-Rgts	Colleg-Stift, Akademie gemeinnütziger Wissenschaften, Gymn., kathol. Vorschule, Hebammen-Lehr-Institut, ev. u kath Schullehr.-Semin., botan. Garten, Kunst- u. Baugewerksschule, Hospital, 2 Waisenhäuser, Taubstummen-Institut, Heilanst. für Augenkranke u. Blinde, Arbeitsh, Ursuliner Nonnenkloster.	Festung, Citadelle Petersberg; Gemüse- u. Waidbau, Wollen- u. Baumwollenzeug-, Tabacks-, Lederfabr., Handel mit Sämereien u. Pflanzen, Nudel- u. Graupenfabr.; Biblioth. u. botan. Garten.
Ger. A., P. A.	—	—	Baumwollwaarenfabr., Uhrmacher, Eisenbergbau, Porzellanerde und Thon.
—	—	—	Weber.; Schloß.
Ger. A.	—	—	Schieferbruch, Papiermühle, Wollweber.
Ger. A., Berg-Ger., P. A., B. A.	—	Waisenhaus.	Parchent- u. Lederfabr., 8 Eisenblech- u. 2. Stahlhämmer; Waffenfabr.
L. Ger. u. Inquis.-Deputat., Ger. A., P. A., F. J.	—	Gymnasium	Stahl-, Blech-, Kupferhammer, Holzhandel.
—	—	—	Eisenhammer, Mineralquell.
Justizamt.	—	—	Parchent- u. Leinw.; Schloß des Grafen v. Stolberg-Wernigerode.
—	—	—	Parchentweb., Eisen- und Stahlhämmer.

Name des Orts.	Geographische Lage.	Anzahl der Privat-Wohnhäuser u. Größe der Kreise nach geogr. Q.-Meilen.	Anzahl der Einwohner mit Militair.	Civil-Verwaltungs-Behörden.
D. Schmiedefeld . .	2 M. östl. v. Suhl	196	1,170	—
D. u. Kloster Vessra .	am Einfl. der Schleuse in d. Werra	—	176	—
G. Provinz Westphalen.				
I. Reg.=Dep. Münster.				
1. Kreis Tecklenburg.	. .	12,72 QM	38,996	
St. Ibbenbühren .	a. d. Plaane	206	1,627	—
= Lengerich . . .	am Fuß eines Berges	162	1,173	—
= Tecklenburg (5 M.)	am Teutoberger Walde	165	1,054	Krst.
= Bevergern . .	. .	178	822	—
= Westerkappeln .	. .	86	521	—
2. Kreis Warendorf.	. .	12,16 QM	32,528	
St. Warendorf (3½ M.)	a. d. Ems	749	3,846	Krst.
= Freckenhorst . .	. .	225	1,425	—
= Sassenberg . .	a. d. Hessel	245	1,289	—
= Harsewinkel . .	unw. d. Ems	208	1,172	
3. Kreis Beckum.	. .	11,75 QM	31,901	
St. Ahlen	a. d. Werse	377	2,407	—
= Beckum (5½ M.) .	a. d. Werse	335	1,881	Krst.
= Oelde	. .	233	1,459	—
= Sendenhorst . .	unw. d. Angel u. d. Werse	266	1,341	—
= Stromberg . . .	. .	178	1,304	—
4. Kreis Lüdinghausen.	. .	13,02 QM	33,216	
St. Werne	a. d. Lippe	304	1,634	—
= Lüdinghausen (3 M.)	a. d. Stever	249	1,437	—
= Olfen	unw. d. Lippe	199	1,054	—
= Drensteinfurt .	a. d. Werse	166	1,043	—

Behörden. Justiz-, Post-, Zoll- und Steuer-, Forst-, Berg-werks- rc. Behörden.	Militair-Behörden und garnisonirende Truppentheile.	Oeffentl. Anstalten, Universitäten, Gymnasien, höhere Schulen, Waisen-, Armen-, Kranken- u. Straf-Anstalten rc.	Hauptgewerbe und vorhandene Merkwürdigkeiten.
Hüttenamt.	—	—	Flachsbau, Porzellanfabr., Eisenwerke, Bergbau auf Eisen u. Schwefel.
—	—	—	königl. Hauptgestüt, ehem. Kloster.
L. u. St. G., Berg Ger., P. E., B. A.	—	—	Baumwollfabr., Leinweb., Leinhand., Steinkohlengruben auf dem Dickenberge, Glasfabr.
P. A.	—	—	Tabacksfabr., Seidenfabr., Kalkbrennerei.
L. G.	—	—	Leinweb.; offener Ort.
—	—	Zeichenschule für Handw.	
—	—	—	Leinweb., Steinkohlenbergwerk, Torfgräb.; in einer Ebene.
L. u. St. G., P. A.	3. Bat. 13. Ldw.-Rgts.	kathol. Pro-Gymn., Waisenh., Franziskaner Mönchskloster.	starker Leinwandhand., Leindamast-, Parchent, wollene Tücher, Tabacksfabr.; königl. Landgestüt.
—	—	—	Leinweber.
—	—	—	Leinweber.
L. Ger.			
L. Ger.	—	—	Bier- u. Zideressigfabr.
P. E.	—	—	Ackerbau, verlor durch den Brand 1806 viel Häuser.
—	—	—	Ackerbau.
L. Ger.	—	Kapuziner Mönchskl.	Leinweber.
L. u. St. G.	—	—	Leinweber.
—	—	—	Leinweber.
P. E.			

Name des Orts.	Geographische Lage.	Anzahl der Privat-Wohnhäuser u. Größe der Kreise nach geogr. Q.-Meilen.	Anzahl der Einwohner mit Millitair.	Civil-Verwaltungs-Behörden.
5. Kreis Münster.	. .	15,29 QM	58,988	
St. Münster . . . . (66¾ M. von Berlin.)	a. d. Aa	2,143	20,837	Sitz des Ob. Präsidii u. der Regierung, Krst.
= Telgte	a. d. Ems	377	1,844	—
= Wolbeck	a. d. Angel	170	892	
6. Kreis Steinfurt.	. .	13,65 QM	38,151	
St. Rheine	a. d. Ems	364	2,441	—
= Steinfurt (Burg-Steinfurt) (4 M.)	a. d. Aa	359	2,252	Krst.
= Metelen	a. d. Vechte	282	1,402	—
= Horstmar . . .	a. d. Vechte	189	949	—
= Ochtrup	. .	165	937	—
7. Kreis Kösfeld.	. .	15,19 QM	38,661	
St. Kösfeld (4½ M.) .	am Ursprung der Berkel	383	2,618	Krst.
= Dülmen	. .	429	2,152	—
= Haltern	am Einfl. der Stever in d. Lippe	312	1,614	—
= Billerbeck . . .	. .	230	1,303	—
8. Kreis Ahaus.	. .	11,78 QM	37,186	—
St. Vreden	am Berkel	368	2,176	—
= Stadtlohn . .	am Berkel	288	1,948	—

Behörden. Justiz-, Post- Zoll- und Steuer-, Forst-, Bergwerks- ꝛc. Behörden.	Militair-Behörden und garnisonirende Truppentheile.	Oeffentl. Anstalten, Universitäten, Gymnasien, höhere Schulen, Waisen-, Armen-, Kranken- u. Straf-Anstalten ꝛc.	Hauptgewerbe und vorhandene Merkwürdigkeiten.
Ob. L. G., L. u. St. G., Inquis., Ob P. A., Prov. St. Direkt, H. St. A. F. J., Sitz eines Bischofs und Domkapit., Banko-Comtoir.	Comm. d. 7. Armee-Cp. Comm. d. 13. Div. Comm. d. 13. Inf.-, 13. Kav.-, 13. Ldw.-Br Stab, 1. u. 2 Bat. 13 Inf.-Rgts. Stab, 1. 2. u. 3. Esk. 11. Hus.-Rgts. Stab, Comm. d. 1. Abth. 1. reit u. 1. 2. 3. Fuß-Comp. d. 4. Art.-Br 1. Bat. 13. Ldw.-Rgts	Univers., Priester-Semin., kath. Gymn., Taubstummen-Lehranstalt, Kranken-, Waisen-, Zuchthaus.	Handel mit Lein-, Woll-, u. Baumwollwaaren, Garn, westphälischen Schinken, Rheinwein; Lederfabr., Zucker-Raffiner., Bierbr. u. Branntwbr.; Bibliothek, am Thurm der Lambertuskirche 3 eiserne Käfiche, in welchen die Leichname von Joh. v. Leyden, Knipperdolling und Krechting aufgehangen worden.
H. Z. A.	—	—	wollene Tücher, Leinweb.; wunderthätiges Marienbild.
L. Ger, H. Z. A.	—	kth. Pro-Gymnasium, Waisenhaus.	Tuchweb., Seif-, Papier- u. Lichtfabr., Salzsied., Handel; Schloß, gehört dem Herzog v. Looz Corswaren, die Ems wird hier schiffbar.
L. G., P. E.	—	—	Löwentlinnen, Lederfabr.; Schloß des Fürsten von Bentheim-Steinfurt.
—	—	—	Leinweb., } dem Herzog v. Salm-Horstmar gehörig.
L. Ger.	—	—	—
P. E.	—	—	Steingutwaaren.
L. G., P. E., H. Z. A.	—	kth. Pro-Gymnasium, Waisenhaus.	Lein- u. Wollweb., Papiermühle; war früher Festung, gehört dem Fürsten v. Salm-Horstmar; Metallwaarenf. zu Gescher.
L. Ger., P. E.	—	—	Leinweb., gehört dem Herzog v. Croy.
L. Ger., P. E.	—	—	Lederfabr., wollne Tücher u. Strümpfe, Leinweb.
—	—	—	Leinwandfabr., gehört dem Herzog v Salm-Horstmar.
—	—	—	Bleichen u. Baumwollhand.; ist 1811 größtentheils abgebrannt; dem Fürsten v. Salm-Salm gehörig.
L. Ger.	—	—	feinste Leinwand, Steingut.

Name des Orts.	Geographische Lage.	Anzahl der Privat-Wohnhäuser u. Größe der Kreise nach geogr. Q.-Meilen.	der Einwohner mit Militair.	Civil-Verwaltungs-Behörden.
St. Ahaus (6½ M.) .	a. d. Aa	284	1,613	Krst.
= Gronau	a. d. Dinkel	169	886	—
Fl. Rienborg . . .	a. d. Dinkel	—	816	—
= Oeding	a. d. Stink	—	263	
9. Kreis Borken.	. .	12,15 QM	38,082	
St. Bocholt	a d. Aa	709	4,149	—
= Borken (7 M.) . .	a. d. Aa	450	2,213	Krst.
= Anholt	a. d. alten Issel	265	1,627	—
= Werth	. .	107	536	
Fl. Ramsdorf . . .	a. d Aa	—	982	
= Gemen	a. d. Aa	—	666	—
10. Kreis Recklingshausen.	. .	14,46 QM	41,274	
St. Dorsten	a. d. Lippe	443	2,502	—
= Recklingshausen (7¾ Meilen.)	. .	579	2,315	Krst.
II. Reg.-Dep. Minden.				
1. Kreis Minden.	. .	9,86 QM	47,381	
St. Minden . . . . (51 M. von Berlin.)	a. d. Weser	940	7,323	Sitz der Regierung Krst.
= Petershagen . .	a. d. Weser	264	1,321	—
= Schlüsselburg .	a. d. Weser	144	859	—

Behörden. Justiz-, Post-, Zoll- und Steuer-, Forst-, Bergwerks- etc. Behörden.	Militair-Behörden und garnisonirende Truppentheile.	Oeffentl. Anstalten, Universitäten, Gymnasien, höhere Schulen, Waisen-, Armen-, Kranken- u. Straf-Anstalten etc.	Hauptgewerbe und vorhandene Merkwürdigkeiten.
L. Ger.	—	—	feine Leinwand, Tabackfabr.; Residenz des Fürsten v. Salm-Kyrburg.
—	—	—	Leder- u. Baumwollfabr, feine Leinwand, dem Herzog v. Salm-Horstmar gehörig.
—	—	—	Tuchfabr.
L. G., P. E.	—	Waisenhaus.	Kattun- Seiden u. Baumwollfabr., Brantwbr., Tuch- u. Strumpfweb.: Schloß, bei der Stadt eine Eisenhütte, } gehören dem Fürsten v. Salm-Salm.
L. G., P. E.	2. Bat. 13. Ldw.-Rgts.	—	Rasch- u. Tuchweb. } gehören dem Fürsten v. Salm-Salm.
P. E.	—	—	—
—	—	—	Standesherrschaft, dem Freiherrn v. Bömmelberg gehörig, jetzt dem Staate käuflich abgetreten
L. G., P. A.	—	kth. Pro-Gymnas, Franziskan.-Mönchskloster.	starke Leinweb., } gehören dem Herzog von Aremberg.
L. G.	—	Franziskaner Mönchskl.	Rohrstahlhammer, Leinweb., Leinwandhd.; Schloß. } gehören dem Herzog von Aremberg.
L. u. St. G., P. A., H. Z. A.	Commdt. Stab, 1. u. 2. Bat. 15. Inf.-Rgts. Comm. d. 2. Abth. 5.6.7. 8. Fuß-Cp. 4. Art.-Br. Comm. d. 4. Pion.-Abth. 3 Garns.-Cp d. 13. Div. 1. Bat. 15. Ldw.-Rgts.	Gymn., Waisenhaus.	Festung; Zuckersied., Leder-, Tabacks-, Tuchf, Schifffahrt, Handel mit Leinsaat, Getr., Garn, Brantwein; Schlacht am 1. Aug. 1759. zw. Preußen und Franzosen; Glasfabr. zu Gernheim.
L. u. St. G.	—	—	Fischer., Gerb., Leinweb., Tabacksspinn.; Schloß.
—	—	—	Ackerbau.

Name des Orts.	Geographische Lage.	Anzahl der Privat-Wohnhäuser u. Größe der Kreise nach geogr. Q.-Meilen.	Anzahl der Einwohner mit Militair.	Civil-Verwaltungs-Behörden.
St. Hausberge . . .	a. d. Weser	120	815	—
2. Kreis Rahden.	. .	8,55 QM	35,951	
St. Lübbeke	a. d. Mühlenbach u. Ronceval	268	1,975	—
Bauerschaft Rahden (3 M.)	a. d. groß. Au	—	1,930	Kr. Ort
3. Kreis Bünde.	. .	6,02 QM	38,420	
St. Enger	. .	146	1,291	—
= Bünde (5½ M.) .	a. d. Else	118	1,003	Krst.
4. Kreis Herford.	. .	3,9 QM	25,104	
St. Herford (3¾ M.)	a. d. Werre u. Aa	1,038	6,546	Krst.
= Blotho	a. d. Weser	241	1,536	—
D. Rehme	a. d. Weser	—	944	—
5. Kreis Halle.	. .	5,12 QM	27,657	
St. Werther . . .	a. d. Aa	206	1,460	—
= Versmold . . .	a. d. Hessel	181	1,264	—
= Halle (6¾ M.) .	. .	151	1,110	Krst.
= Borgholzhausen	. .	146	1,091	—
6. Kreis Bielefeld.	. .	4,52 QM	33,484	
St. Bielefeld (5¾ M.)	am Fuß des Sparenbergs	704	5,141	Krst.
7. Kreis Wiedenbrück.	. .	9,08 QM	32,870	
St. Wiedenbrück (9 M.)	a. d. Ems	351	1,860	Krst.
= Rheda	a. d. Ems	237	1,633	—
= Rietberg (Rittberg)	a. d. Ems	240	1,364	—

Behörden. Justiz-, Post-, Zoll- und Steuer-, Forst-, Bergwerks-, rc. Behörden.	Militair-Behörden und garnisonirende Truppentheile.	Oeffentl. Anstalten, Universitäten, Gymnasien, höhere Schulen, Waisen-, Armen-, Kranken- u. Straf-Anstalten rc.	Hauptgewerbe und vorhandene Merkwürdigkeiten.
F. J.	—	—	Stärke- u. Puderfabr., Garn- u. Leinwandhand., Kalkbrennerei. — In der Nähe die westphälische Pforte (porta westphalica) u. die Trümmer der Wittekindsburg.
L. u. St. G.	—	—	Gerb., Tabacksf., Brantwbr., Handel mit Löwentlinnen.
L. Ger., P. E.	—	—	Flachsbau, Garnsp., Leinweb.
—	—	—	Flachsbau, Leinweb., Garnhand; Wittekinds Denkmal in der Pfarrkirche.
L. u. St. G.	—	—	Flachsbau, Leinweb., Gesundbrunnen.
L. u. St. G., Inq., P. A.	2. reit Comp. 4. Art.-Br. 14. Inv.-Comp.	Gymn., jüdische Schule, Zucht- u. Gefangenanst.	Leinwand-, Leder-, Tabacks-, Oelfabr., Baumwollsp., bedeutender Garnhand.; ehemals reichsfreies weltliches Stift.
L. u. St. G., P. E.	—	jüdische Schule	Papiermühle, Leinwand- u. Garnhand., Zuckersiederei.
—	—	—	Salzwerk.
—	—	—	Flachsbau, Garn- u. Leinwandhandel.
P. E.	—	—	Handel mit Löwentlinnen, Tabacksspinnerei.
L. u. St. G., P. E.	—	—	Gerb, Hanfbau, Leinweb., Leinwandhandel.
—	—	—	Leinwandhandel.
L. u. St. G., P. A.	Füs.-Bat. 15. Inf.-R. 3. Bat. 15. Ldw.-Rgts.	Gymnasium, Franziskaner Mönchsklost., Synagoge	berühmte feine Leinwand, leinen Damast, Tabacks-, Eisen-, Woll- u. Lederfabr., Bleichen.
L. u. St. G., P. E.	—	Franziskaner Mönchskl.	in einer fruchtbaren Gegend.
Fürstlich standesherrliches Ger.	—	—	Garnspinn., Handel; Schloß; gehört dem Fürsten von Bentheim Tecklenburg.
Fürstlich standesherrliches Ger.	—	kth. Pro-Gymnas., Franziskan.-Mönchskloster	Leinwandfabr, Bleichen; gehört dem Fürsten v. Kaunitz-Rietberg.

Name des Orts.	Geographische Lage.	Anzahl der Privat-Wohnhäuser u. Größe der Kreise nach geogr. Q.-Meilen.	Anzahl der Einwohner mit Militair.	Civil-Verwaltungs-Behörden.
8. Kreis Paderborn.	. .	9,84 QM	29,406	
St. Paderborn (9½ M.)	am Ursprung der Pader	873	6,048	Krst.
= Lippspringe . .	in der Nähe d. Quellen der Lippe	191	1,202	—
Fl. Neuhaus . . .	am Einfl der Alme u. Pader in d. Lippe	—	1,342	—
= Delbrück . . .	. .	—	962	—
9. Kreis Büren.	. .	13,84 QM	30,361	
St. Salzkotten . .	. .	205	1,354	—
= Büren (12¼ M.) .	a. Zusammenfluß d. Alme u. Alfte.	185	1,301	Krst.
= Lichtenau . . .	a. d. Sauer	173	1,183	—
= Wünnenberg . .	a. d. Aa	162	918	—
Fl. Kleinenberg . .	a. d. Sauer	172	855	—
10. Kreis Warburg.	. .	9,05 QM	28,553	
St. Warburg (15¼ M.)	a. d. Diemel	451	2,335	Krst.
= Borgentroich .	. .	243	2,027	—
= Borgholz . . .	a. d. Bever	163	1,292	—
= Peckelsheim . .	. .	191	1,286	—
= Willebadessen .	a. d. Nethe	130	1,086	—
= Gehrden . . .	am Oesebach	125	745	
= Dringenberg .	am Bach Oese	103	733	—
11. Kreis Brackel.	. .	7,73 QM	21,395	
St. Brackel (11¾ M.) .	am Einfl. der Brucht in die Nette	375	2,545	Krst.
= Lügde	a. d. Emmer	277	1,973	—
= Steinheim . . .	a. d. Emmer	263	1,944	—

Behörden. Justiz-, Post-, Zoll- und Steuer-, Forst-, Bergwerks- ꝛc. Behörden.	Militair-Behörden und garnisonirende Truppentheile.	Oeffentl. Anstalten, Universitäten, Gymnasien, höhere Schulen, Waisen-, Armen-, Kranken- u. Straf-Anstalten ꝛc.	Hauptgewerbe und vorhandene Merkwürdigkeiten.
Ob. L. Ger., L. u. St. G, Inquis., P. A, H. Z. A., Sitz eines Bischofs u. Domkapit.	4. Esk. 4. Cuir.-Rgts. 2. Bat. 15. Ldw.-Rgts.	Priester Seminar., kath. Gymn, jüdische Schule, 3 Klöster, Provinzial-Krankenanstalt, Waisenhaus	Stärke- u. Tabacksfabrik.; Dom, Bibliothek.
—	—	—	Ackerbau.
F. Z.	Stab 1. u. 3. Esk. 4. Cuir.-Rgts.	—	Tuchfab; Schloß u. Garten, zur Kaserne eingerichtet.
—	—	—	Hanfbau.
—	—	—	Salzwerk; dabei der starkbesuchte Wallfahrtsort Verna.
L. u. St. G.	—	kath. Schul-lehr.-Semin.	Leinweb., in der Gegend eine Papiermühle u. Glashütte.
P. E.	—	—	Getr.- u Glashandel.
—	—	—	Papiermühle; in dem fruchtbaren Sint- od. Sendfelde.
—	—	—	Glashütten; dabei Trümmer alter Burgen.
L. u. St. G., P. E., H. Z. A.	—	kth. Pro-Gymnasium, Dominikaner Mönchskl.	Tabacks-, Leinwandfabr., Getr.-, Vieh-, Eisenhand.; Wallfahrtsort; in der fruchtbaren Warburger-Börde.
—	—	Juden-Synagoge.	Ackerbau.
—	—	—	Pottaschsied., Eisenhandel.
—	—	Synagoge.	Getr.- u. Viehhandel.
—	—	—	Forellen, Bergschloß.
L. u. St. G., P. E.	—	Kapuziner Mönchskl.	Flachsbau, Glashütte, Mineralbrunnen.
—	—	—	Spitzenklöpp., Papiermühle, Heilquelle.
—	—	—	Fischerei.

Name des Orts.	Geographische Lage.	Anzahl der Privat-Wohnhäuser u. Größe der Kreise nach geogr. Q.-Meilen.	der Einwohner mit Militair.	Civil-Verwaltungs-Behörden.
St. Driburg	a. d. Au	250	1,692	—
= Nieheim . . .	: :	217	1,367	—
12. Kreis Höxter.	: .	5,89 QM	22,282	
St. Höxter (9 M.) .	am Einfl. der Grove in die Weser	415	2,864	Krst.
= Beverungen . .	am Einfl. der Bever in die Weser	239	1,762	—
Abtei Korvey	½ Stunde von Höxter a. d. Weser	—	117	—
III. Reg. = Dep. Arnsberg.				
1. Kreis Arnsberg.	. .	11,57 QM	21,217	
St. Arnsberg . . . (65¾ M. von Berlin.)	a. d. Ruhr	331	3,151	Sitz der Regierung Krst.
= Warstein	auf einem Berge am Westerbach	188	1,427	—
= Neheim	am Einfl. d. Mönne in d. Ruhr	188	1,350	—
= Hirschberg . . .	a. d. Have	112	776	—
= Beleke	a. d. Mönne	89	589	—
= Allendorf . . .	. .	71	535	—
= Gräfenstein . .	unf. d. Wenne	72	527	—
Freiheit Freienohl . .	a. d. Ruhr	—	824	—
2. Kreis Meschede.	. .	13,74 QM	24,060	
St. Meschede (2¾ M.)	a. d. Ruhr	186	1,484	Krst.
= Eversberg . . .	a. d. Ruhr	136	997	—
= Schmalenberg .	a. d. Lenne	152	884	—
= Fredeburg . .	. .	99	631	—
Freiheit Bödefeld . .	: :	—	629	—

Behörden. Justiz-, Post-, Zoll- und Steuer-, Forst-, Bergwerks- 2c. Behörden.	Militair-Behörden und garnisonirende Truppentheile.	Oeffentl. Anstalten, Universitäten, Gymnasien, höhere Schulen, Waisen-, Armen-, Kranken- u. Straf Anstalten 2c.	Hauptgewerbe und vorhandene Merkwürdigkeiten.
P. E.		—	Garnhand.; Mineralbrunnen, dem Pyrmonter ähnlich; in der Gegend Ruinen der von Carl dem Großen zerstörten Burg Iburg.
L. u. St. G.	—	Synagoge	Ackerbau.
L. u. St. G., Landgräfl. Hessen-Rothenburgsches Patrimonial-G., P. A.	—	—	Papiermühle, Schifffahrt; Handel mit Holz und Leinwand.
L. u. St. G.	—	—	Schifffahrt, Getrhandel, Branntwbr., Papiermühl.
ehemal. Sitz des Bischofs von Korvey.	—	—	Schloß; ehemal. gefürstete Benediktiner-Abtei. Das jetzige Fürstenthum Corvey (Kr. Höxter) gehört dem Landgrafen v. Hessen-Rothenburg.
Hof-Gericht, peinl. Ger., Justizamt, P. A., F. I.	—	kath. Gymnas.	Bierbr., Branntwbr., Pottaschfabr., Bibliothek, auf einem von der Ruhr fast ganz umflossenen Berge.
—	—	—	Leinweb., Kupferhammer, Papiermühle.
—	—	—	Sammetfabr., Wollweb.
—	—	—	Leinweber.
Just.-Amt.	—	—	Ackerbau.
P. E.	—	—	Tuch- u. Zeugweber.
St. G.			
Just.A., P.E. F. I.	3. Bat. 16. Ldw.-Rgts.	Hebammen-Lehranstalt.	Tuchfabr.
—	—	—	Dachschieferbruch, Tuchfabr.
—	—	—	Lohgerb., Kleinschmiede.
Justizamt.	—	—	Pottaschsied., Wollweber., Schieferbruch, Schwammfabr., Frachtfuhren.

Name des Orts.	Geographische Lage.	Anzahl der Privat-Wohnhäuser u. Größe der Kreise nach geogr. Q.-Meilen.	Anzahl der Einwohner mit Militair.	Civil-Verwaltungs-Behörden.
3. Kreis Brilon.	. .	14,12 QM	31,457	
St. Brilon (5¾ M.) .	a. d. Mönne	386	2,773	Krst.
= Nied.-Marsberg } oder Stadtberge = Ober-Marsberg }	a. d. Diemel	376	2,432	—
= Medebach . . .	a. d. Orke	308	2,085	—
= Hallenberg . .	. .	189	1,390	—
= Winterberg . .	unw. d. Quelle der Ruhr	146	1,133	—
4. Kreis Lippstadt.	. .	8,14 QM	25,757	
St. Lippstadt (8¾ M.)	a. d. Lippe	475	3,200	Krst.
= Geseke	a. d. Weid	497	3,042	—
= Rüthen	auf einem Felsen an der Mönne	299	1,801	—
= Kallenhard . .	. .	129	704	—
D. Westernkotten .	1 M südl. von Lippstadt	—	1,127	—
5. Kreis Soest.	. .	9,62 QM	35,594	
St. Soest (4 M.) . .	an einem Bach	1,311	7,361	Krst.
= Werl	im Hellweg	446	2,834	—
D. Sassendorf . .	½ M. östl. von Soest	—	604	—
6. Kreis Hamm.	. .	7,84 QM	34,764	
St. Hamm (6½ M.) .	am Einfl. der Asse in die Lippe	676	4,979	Krst.

Behörden. Justiz-, Post-, Zoll- und Steuer-, Forst-, Bergwerks- ꝛc. Behörden.	Militair-Behörden und garnisonirende Truppentheile.	Oeffentl. Anstalten, Universitäten, Gymnasien, höhere Schulen, Waisen-, Armen-, Kranken- u. Straf-Anstalten ꝛc.	Hauptgewerbe und vorhandene Merkwürdigkeiten.
St. G., Just. A., P. E.	—	kth. Pro-Gymnasium.	Blechwaaren- u Nagelfabr., Leinweb, Galmeibergwerk
Justizamt	—	Irrenanstalt.	Kupferbergwerk, Eisenhütten, Schieferbr. — Hier stand die von Carl dem Großen zerstörte sächsische Festung Heresburg, Eresburg.
Justizamt	—	—	Pottaschsied., Wollweber.
—	—	—	Wollweber., Frachtfuhren.
—	—	—	Viehzucht, Wollweb.; Hausierhand. mit Fabrikwaaren aller Art in entfernte Gegenden, liegt in der rauhesten u. höchsten Gegend des Sauerlandes.
Kön. Preuß. u. Fürstlich Lippesches Gesammtger., P. A.	2. Esk. 4. Cuir.-Regts.	Damenstift mit 10 Kapitularinnen, Landarmen- u. Correkth. zu Benninghausen	Branntwbr., Getr.-, Obst-, u. Gemüsebau, Lederfabr.; d. Stadt gehört zur Hälfte dem Fürsten von Lippe-Detmold.
Justizamt	—	Fräuleinstift mit 44 Präbenden, Franziskaner Mönchskl.	Leinwandhand., Leinweber.
Justizamt	—	—	Lohgerb., Seifensied.
—	—	—	Mühlsteinbruch.
—	—	—	gewerkschaftl. Salzwerk.
L u. St. G., P. A.	1. Bat. 16. Ldw.-Rgts.	Gymn., evan. Schullehr-Semin., Waisenhaus.	Lein- u. Wollweber., Gerb., Kornhand.; in der Mitte der fruchtbaren Soester-Börde; Bibliothek.
Just. A., P. E.	—	Kapuziner Mönchskl.	Salzwerk, wunderthätiges Marienbild.
—	—	—	gewerkschaftl. Salzwerk.
Ober L. G., L u St. G., P. A.	1. Bat. 4. Garde-Ldw.-R. 4. Esk. 11. Hus.-Rgts.	Gymn., Franziszaner Mönchskl.	Leinwandhandel u Bleichen Lohgerb.; war früher eine Festung.

Name des Orts.	Geographische Lage.	Anzahl der Privat-Wohnhäuser u. Größe der Kreise nach geogr. Q.-Meilen.	Anzahl der Einwohner mit Militair.	Civil-Verwaltungs-Behörden.
St. Unna	am Bach Kottelbecke	590	3,972	—
= Kamen	a. d. Sesike	367	2,142	
7. Kreis Dortmund.	. .	8,02 QM	35,011	
St. Dortmund (8¼ M.)	a. d. Emscher	892	4,451	Krst.
= Schwerte . . .	a. d. Ruhr	301	1,614	
= Lünen	a. d. Lippe	250	1,382	—
= Hörde	a. d. Emscher	194	1,162	—
= Westhofen . . .	unw. d. Ruhr	137	861	—
= Kastrop	. .	110	743	
Fl. Mengede . . .	a. d. Emscher	—	496	
8. Kreis Bochum.	. .	6,46 QM	34,230	
St. Hattingen . . .	unw. d. Ruhr	350	2,640	—
= Bochum, (Bockum) (11¼ M.)	. .	357	2,329	Krst.
= Wattenscheid . .	. .	170	850	—
= Blankenstein . .	a. d. Ruhr	91	728	—
9. Kreis Hagen.	. .	8,22 QM	49,265	
St. Schwelm . . .	am Bach Schwelm	262	3,032	—
= Hagen (7¾ M.) .	a. d. Volme u. Empe	310	3,007	Krst.
= Herbecke . . .	a. d. Ruhr	336	2,714	—
= Breckerfeld . .	a. d. Empe	161	1,027	—
Ortschaft Wetter . .	a. d. Ruhr, 1 St. v. Hagen	—	508	—

Behörden. Justiz-, Post-, Zoll- und Steuer-, Forst-, Berg-werks- 2c. Behörden.	Militair-Behörden und garnisonirende Truppentheile.	Oeffentl. Anstalten, Universitäten, Gymnasien, höhere Schulen, Waisen-, Armen-, Kranken- u. Straf-Anstalten 2c.	Hauptgewerbe und vorhandene Merkwürdigkeiten.
L. u. St. G. P. A.	—	—	Bierbr., Brantwbr., Töpfer.; Salzwerk u. Soolbad bei Königsborn.
L. u. St. G., P. A., H. St. A., F. J., Ob.B.A.	—	Gymn., Armenh., Privat-Irrenanstalt.	Nagel-, Tabacks-, Woll-, Leinwand-, Baumwollfabr.; eine alte ehemal. freie Reichsstadt.
—	—	—	Löwentlinnen.
P. E.	—	—	Nagelschmiede; in der Nähe Steinkohlengruben u. das ehem. Fräuleinstift Klarenberg.
—	—	—	ein sehr alter Ort.
L. u. St. G.	—	Armenhaus.	kleine Eisenwaaren, Tuch- u. Flanellweber.
L. u. St. G, Bg. G., P. E., B A.	—	—	Tuch- u. Kasimirfabr., Eisenwaaren; in einer fruchtbaren Gegend.
—	—	—	offener Ort; in der Nähe Steinkohlengruben.
—	—	—	Feilen- u. Sensenstahlfabr.
L. u. St. G., P. A.	—	—	Mineralbrunnen, Rothgerb., Eisen-, Wollen-, Baumwollen- u. Leinenwaaren aller Art, bedeut. Handel mit Eisen-, Stahl- und Metallwaaren.
L. u. St. G., P. A.	—	—	Sensen-, Stahl-, Amboß-, Leder-, Tuchfabrik., Papiermühle. — Die Enneper oder Emperstraße, von hier bis 1 Stunde von Schwelm, mit Hammerwerken besetzt.
—	—	—	Messer-, Schlösser-, Tuchfab., Getrmarkt.
—	—	—	Pulverfabr., Vieh- u Bienenzucht; in der Nähe viele Eisenwaarenfabr.
—	—	—	Maschienen- u. Fayencefab, Steinkohlengruben.

Name des Orts.	Geographische Lage.	Anzahl der Privat-Wohnhäuser u. Größe der Kreise nach geogr. Q.-Meilen.	Anzahl der Einwohner mit Militair.	Civil-Verwaltungs-Behörden.
10. Kreis Iserlohn.	. .	7,24 QM	29,301	
St. Iserlohn (5¼ M)	am kleinen Fl Baaren	760	5,675	Krst.
= Menden	unw. d. Ruhr	277	1,807	—
= Limburg . . . . (Hohen Limburg)	a. d. Lenne	238	1,449	—
= Balve	. .	93	686	—
Freiheit Affeln . . .	. .	—	325	
11. Kreis Altena.	. .	11,09 QM	29,594	
St. Altena (7¼ M.) .	a. d. Lenne u. Nette	643	3,652	Krst.
= Lüdenscheid . .	. .	268	1,927	—
= Neuenrade . .	a. d. Lenne	275	1,694	—
= Plettenberg . .	am Einfl. der Else in die Lenne	227	1,324	—
= Meinerzhagen .	a. d. Volme	110	722	—
12. Kreis Olpe.	. .	11,41 QM	24,623	
St. Olpe (10¼ M.) . .	a. d. Bigge	220	1,638	Krst.
= Attendorn . . .	am Zusammenfluß der Jenne und Bigge	219	1,155	—
= Drolshagen . .	. .	79	459	—
Freiheit Bilstein . .	. .	—	377	—
13. Kreis Siegen.	. .	11,55 QM	35,752	
St. Siegen (12 M.) .	a. d. Sieg	586	4,008	Krst.
Freiheit Freudenberg	. .	—	618	—
Ortschaft Hilchenbach .	auf dem Westerwalde	200	874	—

Behörden. Justiz-, Post-, Zoll- und Steuer-, Forst-, Bergwerks- rc. Behörden.	Militair-Behörden und garnisonirende Truppentheile.	Oeffentl. Anstalten, Universitäten, Gymnasien, höhere Schulen, Waisen-, Armen-, Kranken- u. Straf-Anstalten rc.	Hauptgewerbe und vorhandene Merkwürdigkeiten.
L. u. St. G., P. A.	2. Bat. 16. Ldw.-Rgts.	Gymnasium, Armen-, Waisenhaus.	Metallwaaren-, Sammet-, Seide-, Nähnadel- und Tabacksfab., Papiermüh., Bleichen, Zinkhütten u. Messingwerke; in einer bergigten u. rauhen Gegend.
—	—	Armenhaus.	Seiden-, Nähnadelfabrik., Seifensiederei.
Fürstl. standesherrliches Ger.	—	—	Eisenhütten, Drathfabrik, Baumwoll- u. Leinweb.; gehört dem Fürsten von Bentheim-Tecklenburg.
Justizamt.	—	Hospital.	Gerber., Wollweber.
L. u. St. G.	—	—	Nähnadel-, Antimonium-, bedeut. Metallfabr.; von hohen Bergen umgeben.
L. u. St. G.	—	—	Eisen-, Messerfabr, Baumwollspinn., Galmeigruben; zwischen hohen Bergen.
—	—	—	Leinweb., Bleichen; in der Nähe viel Eisenhämmer.
L. u. St. G.	—	—	Tuch-, Kupfer-, Lederfabr., Steinbrüche.
P. E.	—	—	Papiermühle; in der Nähe viel Eisenschmieden.
Just.A., P.E	—	—	Kupferhämmer.
Justizamt.	—	—	Marmorbrüche.
—	—	—	Gerberei.
Justizamt.	—	—	gewerkschaftl. silberhaltiges Bleibergwerk.
Berg-Ger., Justizamt, P.A., F.J., B. A.	—	Armenhaus.	Eisen- u. Stahl-, besonders Feilenfabr., Leder-, Woll-, u. Baumwollfabr., Lohgerb., Schieferbruch.
Justizamt.	—	—	Stahlhämmer.
Justizamt.	—	—	Woll- u. Leinweb., Gerb, Tabacksfabr., Loh-, Walk- u. Pulvermühle, Stahl- u. Eisenhämmer.

Name des Orts.	Geographische Lage.	Anzahl der Privat-Wohnhäuser u. Größe der Kreise nach geogr. □-Meilen.	Anzahl der Einwohner mit Militair.	Civil-Verwaltungs-Behörden.
D. Müsen	2 M. nördl. von Siegen	—	641	—
14. Kreis Wittgenstein.	. .	9,69 □M	17,737	
St. Berlenburg (17 M.)	am Berlenbach	211	1,879	Krst.
„ Laasphe	a. d. Lahn	150	1,342	—
H. Rhein-Provinz.				
I. Reg.-Dep. Düsseldorf.				
1. Kreis Rees.	. .	8,67 □M	42,794	
St. Wesel	am Einfl. der Lippe in den Rhein	1,336	9,371	—
„ Emmerich . . .	am Rhein	817	4,522	—
„ Rees (11 M.) . .	am Rhein	426	2,481	Krst.
„ Schermbeck, (Scherenbeck)	unw. d. Lippe	134	804	—
„ Isselburg . . .	a. d. alten Issel	96	526	—
Fl. Elten	. .	—	1,286	—
„ Ringenberg . .	a. d. alt. Issel	—	390	—
„ Krudenburg . .	a. d. Lippe	—	222	
2. Kreis Kleve.	. .	8,73 □M	41,006	
St. Kleve ($11\frac{1}{2}$ M.) .	am Bach Kermisdahl, $\frac{1}{2}$ M. vom Rhein	936	6,959	Krst.

Behörden. Justiz-, Post-, Zoll- und Steuer-, Forst-, Berg- werks- ꝛc. Behörden.	Militair-Behörden und garnisonirende Truppentheile.	Oeffentl. Anstalten, Universitäten, Gymnasien, höhere Schulen, Waisen-, Armen-, Kranken- u. Straf-Anstalten ꝛc.	Hauptgewerbe und vorhandene Merkwürdigkeiten.
Hüttenamt.	—	—	Bergbau auf Silber, Kupfer u. Blei; in der Gegend der berühmte Stahlberg, der die besten Stahlsteine liefert.
standesherrl. Justizamt	—	Armenhaus.	Eisenhütten; Residenzschloß des Fürsten v. Wittgenstein-Berlenburg.
—	—	Armenhaus.	Eisenhütten, Tuchfabr. Dabei Schloß Wittgenstein.
L. u. St. G., P. A., H. St. A., F. J.	Commdt., Füs.-Bat. 13. Inf.-Rgts. 1. u. Füs.-Bat. 17. Inf.-Rgts. 3. Esk. 5. Ulanen-Rgts. Comm. d. 3. Abth., 3. reit u 4. 9. 10. 11. 12. Fuß Comp. d. 4. Art.-Br. Comm. d. 4. Pion.-Abth. 17 Inf.-Regts. - u. 14. Div. Garnis.-Comp. 1. Bat. 17. Ldw.-Rgts	Gymn., Waisenh, Baugefangenanst, städtische Armen- u. Arbeitsanst.	starke Festung; Baumwoll-, Zucker-, Seif-, Hut-, Strumpf-, Flanellfabr.; chirurgische Instrumente, Branntwbr., Brauer., Schifffahrt u. Handel.
L. u. St. G., P. A., H. Z. A.	—	kath. u. evan. Waisenhaus.	Hafen, Posamentierwaaren, Tuch-, Lederfabr., Schifffahrt, Handel; in einer fruchtbaren Ebene.
P. A.	—	Waisenhaus.	in einer fruchtbaren Gegend.
—	—	—	Baumwollspinn.; Schloß.
—	—	—	Eisenhütten, Glockengießer; Töpfer.
P. E.	—	—	ehem. Reichsstift.
—	—	—	altes Schloß.
L. G., Fr. G., P. A., F. J.	—	Gymn., Zucht- u. Arresthaus.	Seiden-, Woll-, Tabacks-, Strumpf-, Hutfabr.; gut gebaut, in einer angenehmen Gegend; durch den Spoykanal mit dem Rhein verbunden. — Die Schwanenburg.

Name des Orts.	Geographische Lage.	Anzahl der Privat-Wohnhäuser u. Größe der Kreise nach geogr. Q.-Meilen.	Anzahl der Einwohner mit Militair.	Civil-Verwaltungs-Behörden.
St. Goch	a. d. Niers	484	3,055	—
= Kalkar	a. d. Leye	298	1,592	—
= Kranenburg . .	. .	144	931	—
= Griet	unw. d. Rheins	162	903	—
= Uedem	. .	227	805	—
= Griethausen . .	am einem Arm des Rheins	95	615	—
Fl. Schenkenschanz .	am Rhein	—	107	
3. Kreis Geldern.	. .	20,79 QM	80,566	
St. Geldern (6¼ M.)	a. d. Niers	405	3,134	Krst.
= Xanten, (Santen)	unw. d Rheins	388	2,663	—
= Rheinberg . .	½ St. v. Rhein	378	2,009	—
= Moeurs	a. d. Kemelt, 1 St. v. Rhein	308	1,953	—
= Orsoy	am Rhein	255	1,373	—
= Strälen	a. d. Niers	193	1,295	—
= Sonsbeck . . .	. .	226	1,266	—
= Wachtendonk . .	a. d. Niers	199	1,154	—
= Neu-Büderich .	unw. d Rheins	162	946	—
= Alpen	. .	109	613	
= Kervenheim (Kervendonk)	unw. d. Niers	108	516	—
Fl. Winnenthal . .	. .	—	120	
= Beck	am Rhein	—	118	
D. Kevelaer . . .	unf. d. Niers	—	982	—
4. Kreis Kempen.	. .	7,28 QM	48,338	
St. Kempen (3¾ M.) .	. .	461	3,062	Krst.

Behörden. Justiz-, Post-, Zoll- und Steuer-, Forst-, Bergwerks- ꝛc. Behörden.	Militair-Behörden und garnisonirende Truppentheile.	Oeffentl. Anstalten, Universitäten, Gymnasien, höhere Schulen, Waisen-, Armen-, Kranken- u. Straf-Anstalten ꝛc.	Hauptgewerbe und vorhandene Merkwürdigkeiten.
Fr. G.	—	—	wichtige Brantwbr., Nadel-, Seiden-, Woll-, Zuckerfab.
—	—	—	Flanellweb., Bierbr., Rheinschifffahrt; durch einen Kanal mit dem Rhein verbunden.
H. Z. A.	—	—	Getrbau, Viehzucht.
—	—	—	offener Ort.
—	—	—	Bierbrauer.
—	—	—	
Fr. G., P. A.	3. Bat. 17. Ldw.-Rgts.	—	Tuch- u. Flanellfabr., Leinweb. u. Färber., Bierbr., Brantwbr., Gerb., Kornh.
Fr. G., P. A.	2. Bat. 17. Ldw.-Rgts.	—	Nadel-, Seiden-, Baumwollgarn-, Tuchfabr., Bierbrauer. — In der Gegend römische Alterthümer.
Fr. Ger.	—	—	Tuchfabr., Fischer.; lag früher dicht am Rhein.
Fr. G., P. A.	—	Pro-Gymnas., evan. Schullehr.-Semin.	Seiden-, Baumwollwaaren-, Flanell-, Parchentfabr., Bierbr., Brantwbr. — ½ St. davon stand das römische Asciburgum.
—	—	—	Woll-, Tuch-, Kasimirfabr., Fischer., Schifffahrt.
—	—	—	Leinweber.
—	—	—	Brauer.
Fr. Ger.	—	—	Bierbr., Leinweb., Bleichen.
—	—	—	starker Kohlbau u. Viehzucht; liegt Wesel gegenüber.
—	—	—	Ackerbau.
—	—	—	berühmter Wallfahrtsort zum wunderthätigen Marienbilde.
Fr. Ger.	—	höhere Stadtschule.	Wollfab., Wachsbleiche, Leinweb., Bierbr., Brantwbr.; hier ward 1308 Thomas a Kempis geboren.

Name des Orts.	Geographische Lage.	Anzahl der Privat-Wohnhäuser u. Größe der Kreise nach geogr. Q.-Meilen.	Anzahl der Einwohner mit Militair.	Civil-Verwaltungs-Behörden.
St. Dülken	. .	306	1,780	—
" Brüggen . . .	a. d. Schwalm	139	742	—
Fl. Hüls	. .	—	1,926	—
" Süchteln	unw. d. Niers	—	1,485	—
" Burgwaldniel .	. .	—	1,051	
" Kaldenkirchen .	. .	—	1,023	—
D. St. Thönis . . .	1 M. westl. v. Krefeld	—	1,673	—
5. Kreis Duisburg.	. .	11,83 □M	68,516	
St. Mühlheim . . .	a. d. Ruhr	716	5,692	—
" Essen	a. d. Ruhr	725	4,746	—
" Duisburg (3½ M.)	a. d. Ruhr, nahe bei ihrem Einfl. in den Rhein	678	4,416	Krst.
" Werden	a. d. Ruhr	364	2,812	—
" Kettwig	a. d. Ruhr	182	1,878	—
" Steele (Steyle) .	unw. d. Ruhr	248	1,660	—
" Ruhrort	am Einfl. der Ruhr in den Rhein	223	1,548	—
" Dinslaken . . .	a. d. Minne	217	1,316	—
" Holten	unf. d. Rheins	140	779	—
D. Saarn	a. d. Ruhr	—	1,332	—
6. Kreis Elberfeld	. .	5,7 □M	82,788	
St. Elberfeld (4 M.)	a. d. Wupper od. Wipper	1,941	26,515	Krst.

Behörden. Justiz-, Post-, Zoll- und Steuer-, Forst-, Bergwerks-, etc. Behörden.	Militair-Behörden und garnisonirende Truppentheile.	Oeffentl. Anstalten, Universitäten, Gymnasien, höhere Schulen, Waisen-, Armen-, Kranken- u. Straf-Anstalten etc.	Hauptgewerbe und vorhandene Merkwürdigkeiten.
Fr. G.	—	—	Flachsbau, Spinn., Lein- u. Baumwollweb.
—	—	—	Tuch- u. Seidenfabr., Leinwandbleichen, Torfgräb.
—	—	—	Leindamast- u. Sammetbandfabr.
—	—	—	Lein-, Woll-, Baumwoll-, Seidenweber.
H. Z. A.	—	—	Lein- u. Seidenfabr., Bier- u. Essigbrauer, Tabacksspinnerei.
—	—	—	Leindamast- und Sammetbandweb.
P. A.	—	—	Tabacks-, Baumwoll-, Leder-, Dampfmaschinenfabrik.; die Ruhr ist hier schiffbar.
L. u. St. G., Bg. G., P. E., B. A.	Ldw.-Bat. d. 36. Inf.-R.	gemischt Gymnas., Kapuziner-Kloster, 4. Armenh., Waisenhaus.	Wollfärber., Leder-, Dampfmaschienenfab., Gußstahl-, Gewehrfabr.; in der Nähe Eisenhütten.
L. u. St. G., P. A., H. St. A.	—	Gymn., Minoriten-Klost., Waisenhaus	Woll-, Baumwoll-, Leder-, Taback-, Essigfabr., Handel u. Schifffahrt; in der Nähe 2 Eisenhütten. In dem benachbarten Duisburger Walde giebt es wilde Pferde, welche sehr dauerhaft sind.
Inquisitor.	—	Zuchthaus.	Alaun-, Bittersalzf., Wolltücher, Kasimir, Kupferhammer.
—	—	—	Lederfabr, wollene Tücher, Kasimir.
—	—	Waisenhaus.	Steinkohlengr., Glashütte.
—	—	—	Baumwollfabr, Spedition, Schiffbau, Handel mit Steinkohlen.
P. E.	—	Nonnenkl.	Kattun-, Strumpf-, Leinwand-, Woll-, Hutfabr.
—	—	—	Tuchfabr., Steinkohlenhd., Tuchweb.; in Form eines Kreuzes gebaut.
—	—	—	königl. Gewehrfabr.
Fr. G., Handelsger., P. A., St. A.	—	Gymnasium.	wichtige Seiden- u. Baumwollwaarenfab., Bleichen, Färb, Leder- u. Lnwdfabr.

Name des Orts.	Geographische Lage.	Anzahl der Privat-Wohnhäuser u. Größe der Kreise nach geogr. Q.-Meilen.	Anzahl der Einwohner mit Militair.	Civil-Verwaltungs-Behörden.
St. Barmen	a. d. Wupper	1,657	19,566	—
" Mettmann . . .	. .	148	1,701	—
" Gemarke . . .	a. d. Wupper	—	964	—
Fl. Wupperfeld . .	a. d. Wupper	—	1,224	—
7. Kreis Lennep.	. .	5,68 QM	48,970	
St. Remscheidt . . .	. .	919	8,365	—
" Hükeswagen . .	a. d. Wupper	597	5,766	—
" Lennep ($5\frac{1}{2}$ M.) .	am Fl. Lennep	452	5,199	Krst.
" Rade vor dem Walde	. .	679	4,696	—
" Ronsdorf . . .	am Morsbache auf einem Berge	453	4,451	—
Fl. Burg	auf einem hohen Berge a. d. Wupper	—	1,434	—
8. Kreis Solingen.	. .	5,44 QM	47,502	
St. Solingen ($4\frac{1}{2}$ M.)	a. d. Wupper	507	3,469	Krst.
Freiheit Gräfrath .	am Itterbach	—	1,109	—
D. Hittorf	am Rhein	—	1,133	—

Behörden. Justiz-, Post-, Zoll- und Steuer-, Forst-, Berg-werks- 2c. Behörden.	Militair-Behörden und garnisonirende Truppentheile.	Oeffentl. Anstalten, Universitäten, Gymnasien, höhere Schulen, Waisen-, Armen-, Kranken- u. Straf-Anstalten 2c.	Hauptgewerbe und vorhandene Merkwürdigkeiten.
Fr. Ger.	—	—	bedeut. Tuch-, Baumwoll-, Seidenfabr, Färber; Metallwaaren, Kalkbrenner.; die Stadt liegt 1 Meile lang in dem fruchtbaren und gewerbreichen Thale der Wupper.
Fr. Ger.	—	—	Tuch-, Kattun-, Seiden-, Stahlfabr.
—	—	—	Steingutfab., Kattundruck., Farbemühle; liegt zw. Barmen u. Wupperfeld, u. hängt mit beiden zusammen.
—	—	—	Baumwoll-, Seidenfabr.
—	—	—	berühmte Eisen- u. Stahlwaaren, womit ein ausgebreiteter Handel getrieben wird.
—	—	—	Tuchfabr., Färber., Eisen- u. Stahlhämmer.
Fr. G., P. A.	—	Waisenhaus.	Wollfärb., Wollweb, Walkmühle, Eisenwaaren- u. Pulverfabr.; die Stadt ist sehr alt.
—	—	Handelsschule.	Baumwoll-, Strumpf-, Kasimirfabr., chirurgische Instrumente.
Fr. Ger.	—	—	Seiden-, Baumwoll-, Leinwand-, Baumwoll-, Eisenfabr.
—	—	—	Gewehr-, Tuchfabr., Baumwollwaaren mit Leinen gemischt; ehemal. Residenz der Grafen v. Berg.
Fr. G., P. A.	—	—	berühmte Eisen- u. Stahlfabr.; Seiden-, Baumwoll u. Leinwandfabr.
—	Ldw.-Bat. 35. Inf.-R.	—	Messer- u. Scheerenfabr, Baumwoll- u. Seidenweb.
—	—	—	Tabacksfabr., Schifffahrt, Fischer., Handel mit Getr., Holz, Wein, Steinkohlen.

Name des Orts.	Geographische Lage.	Anzahl der Privat-Wohnhäuser u. Größe der Kreise nach geogr. Q.-Meilen.	der Einwohner mit Militair.	Civil-Verwaltungs-Behörden.
9. St.-Kreis Düsseldorf.	. .	0,86 QM		
St Düsseldorf . . (81¼ M. von Berlin.)	am Einfl. der Düssel in den Rhein	1,103	22,298	Sitz der Regier., Krst.
10. L.-Kreis Düsseldorf. (Das landräthl. Amt ist in Düsseldorf.)	. .	6,41 QM	37,991	
St. Ratingen . . .	am Abhange eines Berges	341	3,365	—
„ Kaiserswerth . .	am Rhein	174	1,394	—
„ Gerresheim . .	. .	—	841	—
Fl. Angermund . .	. .	—	494	
11. Kreis Krefeld.	. .	3,72 QM	34,456	
St. Krefeld (2½ M.) .	1 Meile vom Rhein	1,553	15,690	Krst.
„ Uerdingen . . .	am Rhein	228	2,029	—
„ Linn	unw. d. Rheins	132	937	—
Ortschaft Inrath . .	½ M. n. westl. von Krefeld	—	1,419	—
12. Kreis Gladbach.	. .	4,45 QM	44,890	
St. Dahlen	. .	844	4,478	—

Behörden. Justiz-, Post-, Zoll- und Steuer-, Forst-, Bergwerks- ꝛc. Behörden.	Militair-Behörden und garnisonirende Truppentheile.	Oeffentl. Anstalten, Universitäten, Gymnasien, höhere Schulen, Waisen-, Armen-, Kranken- u. Straf-Anstalten ꝛc.	Hauptgewerbe und vorhandene Merkwürdigkeiten.
Land-Ger., Fr. Ger., Ob. P. A., H. St. A., F. J., Münze.	Comm. d. 14. Div., Comm. d. 14. Inf.-, 14. Kav-, 14. Ldw-Br. Stab u. 1. Bat. 16. Inf.-Rgts. Stab u. 2. Bat. 17. Inf-Rgts. 3. Bat. 4. Garde Ldw.-R. Stab, 1. u. 2 Esk. 8. Huf-Rgts. Stab, 1. 2. u. 4. Esk. 5. Ulanen-Rgts. Comm. d. 2. Abth., 2. reit. u. 5. 6. 7. Fuß-Cp. d. 7. Art.-Brig. 16. Inv.-Comp. Ldw.-Bat. d. 40. Inf. R.	Gymn., Kunst- u. Baugewks-schule, 3 Nonnen-Kl., Armenh., 2 Hospitäler, Irrenaufbewahrungsanstalt, Waisenhaus, Rettungsanstalt für Kinder von Verbrechern zu Düsselthal, Zucht- u. Arresthaus.	Leder-, Tabacks-, Mostrich-, Essig-, Liqueur-, Kutschen-, Papiertapeten-, Bleiweißfabr., Färbereien. Handel mit Wein, Getr., Holz, Steinkohlen, Wolle; der Hofgarten.
Fr. Ger.	—	Hospital, Central-Mönchs-Kloster.	Baumwollgarnfabr., Töpf., Hutmacher, Papiermühle.
—	Det. d. 16. Inv.-Comp.	Kapuziner-Kl.	Sammet-, Tabacksfabr., Rheinschiff und Handel; Schloß.
Fr. Ger.	—	Fräuleinstift, 870 gestiftet	Branntwbr.
Fr. G., P. A.	—	Zucht- u. Arresthaus.	berühmte Seidenfab., Woll-, Baumwoll- u Leinwaaren, Färber., Tabacks-, Leder-, Zuckerfabr.; Schlacht 23. Juni 1758 zw. Preußen und Franzosen.
Fr. Ger.	—	—	Lederfabr., Zuckerraffinerie, Schifffahrt.
—	—	—	Leinweb., Trüffeln; in der Nähe das Dorf Gelb (das römische Gelduba), wo Drusus über den Rhein eine Brücke schlug
—	—	—	Leinw.-, Sammetbandweb.
—	—	—	Seiden- und Sammetfabr., Leinwand- u. Damastweb.

Nam des Orts.	Geographische Lage.	Anzahl der Privat-Wohnhäuser u. Größe der Kreise nach geogr. Q.-Meilen.	Anzahl der Einwohner mit Militair.	Civil-Verwaltungs-Behörden.
St. Rheidt	unw. d. Niers	592	4,033	—
„ Gladbach (3⅞ M.)	a. d. Niers	516	2,952	Krst.
Fl. Viersen	unw. d. Niers	—	1,341	—
13. Kreis Neuß.	. .	5 QM	29,870	
St. Neuß (1½ M.) . .	am Zusammenfluß d. Kruse u. Erft	772	6,495	Krst.
„ Zons	am Rhein	286	1,653	—
D. Dormagen . . .	nicht weit vom Rhein	—	1,026	—
14. Kreis Grevenbroich.	. .	4,32 QM	30,229	
St. Grevenbroich (3½ M.)	a. d. Erft	110	640	Krst.
D. Wickrath . . .	a. d. Niers	—	544	—
„ Wickrathberg . .	a. d. Niers	—	612	—
II. Reg.-Dep. Aachen.				
1. Kreis Erkelenz.	. .	6,5 QM	31,456	
St. Erkelenz (6 M.)	. .	294	1,790	Krst.
2. Kreis Heinsberg.	. .	4,34 QM	29,478	
St. Heinsberg (4⅞ M.)	unw. d. Wurm	283	1,670	Krst.
„ Wassenberg . .	unw. d. Ruhr oder Roer	179	854	—
„ Waldfeucht . .	. .	153	851	—
3. Kreis Geilenkirchen.	. .	3,45 QM	22,783	
St. Gangelt . . .	. .	228	1,104	—
„ Randerath . .	a. d. Wurm	135	737	—
„ Geilenkirchen (3½ M.)	a. d. Wurm	83	512	Krst.
Fl. Hünshoven . .	a. d. Wurm	—	515	—

Behörden. Justiz-, Post-, Zoll- und Steuer-, Forst-, Berg-werks- rc. Behörden.	Militair-Behörden und garnisonirende Truppentheile.	Oeffentl. Anstalten, Universitäten, Gymnasien, höhere Schulen, Waisen-, Armen-, Kranken- u. Straf-Anstalten rc.	Hauptgewerbe und vorhandene Merkwürdigkeiten.
—	—	—	Baumwollwaaren-, Leder-, Lein- u. Seidenfabr.
Fr.G., P.A.	—	—	Leinwand-, Seiden-, Baumwollfabr., Bleichen, Färb., Flachsbau; 4 Jahrmärkte.
—	—	—	Leinwand-, Damast-, Seidenfabr., Hutmacher, Essigbrauer.
Fr. G., P. A.	Ldw.-Bat. d. 39. Inf.-R.	kath. Gymnas., Waisenh. im Bürgerhosp.	Baumwollwaaren, Färber., Handel mit Fabrikwaaren, Getr., Holz; — soll von Drusus erbaut sein; mit Mauern u. Thürmen umgeben.
—	—	—	Schifffahrt, Fischer.; mit Mauern umgeben.
P. E.	—	—	Duromagus der Römer, die hier ein Kastell hatten.
Fr. G.	—	—	Tuchfabr., Wollspinn. auf Wassermaschinen, Eisenwaaren.
—	3.u.4. Esk. 8. Hus.-Rgts	—	Lein- u. Baumwollweber., Eisenwaarenfabrik., Papiermühle; Schloß, zur Kaserne eingerichtet.
—	—	—	Leindamastweber., berühmter Pferdemarkt.
Fr. G.	2. Bat. 25. Ldw.-Rgts.	—	Leinweber., Spitzenklöpp., Flachsbau.
Fr. G.	—	—	Tuch-, Flanellfabr., Gerb., Papiermühle, Bierbrau., Branntweinbr.
H. Z. A.	—	—	Bierbr., Branntwbr.
—	—	—	Bierbr., Leinweber.
—	—	—	Flachs- u. Obstbau.
—	—	—	Lein- u. Wollweb., Flachs- u. Obstbau.
Fr.G., P.E.	—	—	Tuch-, Leder-, Seif- und Tabacksfabr.
—	—	—	Bierbr.; liegt Geilenkirchen gegenüber.

Name des Orts.	Geographische Lage.	Anzahl der Privat-Wohnhäuser u. Größe der Kreise nach geogr. □-Meilen.	Anzahl der Einwohner mit Militair.	Civil-Verwaltungs-Behörden.
4. Kreis Jülich.	. . .	5,81 □M	33,534	
St. Jülich (3½ M.) .	a d. Ruhr	317	2,656	Krst.
= Linnich	unw. d. Ruhr	215	1,208	—
Fl. Aldenhoven . =	am Merzbache	—	1,106	—
5. Kreis Düren.	. .	9,5 □M	42,368	
St. Düren (4¼ M.) .	unw. d. Ruhr	574	5,301	Krst.
= Nideggen . . .	a. d. Ruhr	118	575	—
6. St.-Kreis Aachen.	. .			
St. Aachen . . . . (franz. Aix la Chapelle.) (93 M. von Berlin.)	am Paubach u der Wurm	2,733	35,552	Sitz der Regier., Krst.
7. L.-Kreis Aachen. (Das landräthl. Amt ist in Aachen)	. .	mit Stadt Aachen 5,99 □M	49,065	
St. Burtscheid . . (franz. Borcette.)	¼ Meile von Aachen, an der Wurm	292	4,568	—
= Herzogenrath . (franz. Rolduc.)	a. d. Wurm	406	1,906	—
Fl. Stollberg . . .	unw. d. Inde	—	2,659	—
= Eschweiler . . .	a. d. Inde u. Dente	—	2,067	—
= St. Corneli-Münster	a. d. Inde	—	694	—

Behörden. Justiz-, Post-, Zoll- und Steuer-, Forst-, Bergwerks- rc. Behörden.	Militair-Behörden und garnisonirende Truppentheile.	Oeffentl. Anstalten, Universitäten, Gymnasien, höhere Schulen, Waisen-, Armen-, Kranken- u. Straf-Anstalten rc.	Hauptgewerbe und vorhandene Merkwürdigkeiten.
Fr. G., P. A.	Commdt., 2. Bat. 16. Inf.-Rgts. 3. reit- u. 11. Fuß-Cp. d. 7. Art.-Brig. Comm. d. 4 Pion.-Abth. 16. Inf.-R. Garn.-Cp.	Baugefangen-anstalt.	Festung; Lohgerb., Tuchw.
—	—	—	Gerb., Bierbr, Brantwbr.
Fr. Ger.	—	—	Gefecht 1. März 1795 zw. Oestreich. u. Franzosen.
Fr. G., P. E., B. A.	—	kath. Gymnas., Urseliner-Nonnenkloſt., Elisabeth-Nonnenkloſt., St Gertraud-Nonnenkl.	bedeut. Tuchfabr., Kasimir, Parchent, Papiermühle, Eisenblechwalzwerk, Getreidehandel.
Fr. Ger.	—	—	auf einem hohen Berge.
L. G, Fr. G., Handels-Ger., Handwerks-Ger., Ob. P. A., H. Z. A.	15. Inv.-Comp. 1. Bat. 25. Ldw.-Rgts.	Collegiatstift, kath. Gymn., Irrenaufbewahrungsanstalt, Waisenhaus, Gefangenanst., Elisabethanerinnen-Kl., Christenser-Nonnenkl., Alexianer Mönchskl.	berühmter Mineralbrunnen; Fabr. von feinem, eleganten Tuch- u. Kasimir; Nähnadel-, Kupfer-, Messing-, Wagenfabr., lakirte Waaren u. Wachstuch. — Domkirche, schöne Umgebungen: Loysberg, Pauliner-Wäldchen, Frankenberg, Schönforst, Trimborn.
Fr. Ger.	—	—	bedeut. Maschinenspinn. u. Kasimirfabr., Nähnadelfabr.; warme Mineralbäder.
—	—	—	Steinkohlengruben.
—	—	—	bedeut. Messingfabr., Galmeigr., Glashütte, Tuch-Kasimir- u. Lederfabr.
Fr. Ger.	—	—	Seiden-, Wollfabr., Steinkohlenbergwerk.
—	—	—	Tuchfabr., Steinbruch. — (-emalige unmittelbare Reichs-Abtei.

Name des Orts.	Geographische Lage.	Anzahl		Civil-
		der Privat-Wohnhäuser u. Größe der Kreise nach geogr. Q.-Meilen.	der Einwohner mit Militair.	Verwaltungs-Behörden.
8. Kreis Eupen.	. .	2,8 QM	18,599	
St. Eupen (2½ M.) . (franz. Néaux)	a. d. Weeze	1,151	9,565	Krst.
9. Kreis Montjoie.	. .	7,14 QM	17,604	
St. Montjoie (3½ M.)	a. d. Ruhr	339	3,080	Krst.
10. Kreis Gemünd.	. .	16,14 QM	31,357	
St. Schleiden . . .	a. d. Olef	297	1,577	—
= Gemünd (8¾ M.)	am Zusammenfluß d. Olef u. Urft	230	1,126	Krst.
= Blankenheim . .	a. d. Ahr, in der Eifel	—	455	—
= Kronenburg . .	a. d. Kill, in der Eifel	—	260	—
Fl. Reifferscheid .	in der Eifel	—	308	—
11. Kreis Malmedy.	. .	14,74 QM	25,479	
St. Malmedy (5¾ M.)	a. d. Warge	639	3,895	Krst.
= St. Vith (St. Veit.)	am Fl. Our, in d. Ardennen	145	824	—
= Neuland	a. d. Our, in d. Ardennen	68	343	
III. Reg.-Dep. Köln.				
1. Kreis Wipperfurt.	. .	5,37 QM	21,776	
St. Wipperfurt (7¼ M.)	a. d. Wipper	136	1,172	Krst.
2. Kreis Gummersbach.	. .	5,29 QM	25,218	
St. Neustadt	unw. d. Agger	136	2,985	—
Marktdorf Gummersbach (6½ M.)	desgl. 1 M. westl. von Neustadt	—	482	Kreisort
3. Kreis Waldbroel.	. .	5,96 QM	15,937	
D. Waldbroel (8 M.)	3 M südl. v. Neustadt	—	232	Kreisort

Behörden. Justiz-, Post-, Zoll- und Steuer-, Forst-, Bergwerks- rc. Behörden.	Militair-Behörden und garnisonirende Truppentheile.	Oeffentl. Anstalten, Universitäten, Gymnasien, höhere Schulen, Waisen-, Armen-, Kranken- u. Straf-Anstalten rc.	Hauptgewerbe und vorhandene Merkwürdigkeiten.
Fr. G., P. A.	—	Waisenhaus.	bedeut. Tuch- u. Kasimirfabr.
Fr. G, P. E.	—	Urseliner-Nonnenkloster.	Tuch- u. Kasimirfabr. von großem Rufe; von Felsen umgeben, in der sogenannten Veen (Fenn).
—	—	—	Eisenhütten, wollene Deckenfabr.
Fr. G., F. I	—	—	bedeut. Eisengruben, Bleiwerke, Gerber., Tuch- u. Seidenfabr.
Fr. Ger.			
—	—	—	Eisenfabr.
—	—	—	Eisenwerke, Tuchf., Schloß.
Fr. G., P. E., H. Z. A.	3. Bat. 25. Ldw.-Rgts.	Gefangenanst.	große Tuchfabr., die wichtigsten Gerberei im Staat u. berühmte Sohlleder-fabr., Leimsied., Papierfabr., Preßspähne. In der Umgebung wird die wallonische Sprache gesprochen.
Fr. G., P. E.	—	—	Lederfabr., Viehhandel.
Fr. G., P. E.	—	—	Hut- u. Tuchfabr.; in der Nähe Kupferbergwerk u. Schmelzhütte.
—	—	—	Baumwollweb., Rohstahl-fabr., Matratzen; Eisenhandel.
Fr. Ger.	—	—	Baumwollweb., Tuchfabr., Eisenhandel., Bleigruben.
Fr. Ger.	—	—	Eisenhütte, in der Nähe Kupfer-, Blei-, Eisengrub.

Name des Orts.	Geographische Lage.	Anzahl der Privat-Wohnhäuser u. Größe der Kreise nach geogr. Q.-Meilen.	Anzahl der Einwohner mit Militair.	Civil-Verwaltungs-Behörden.
4. Kreis Sieg.	. .	14,76 QM	61,503	
St. Siegburg (3½ M.)	a. d. Sieg	323	2,138	Krst.
" Königswinter .	am Rhein u. Fuß d. Siebengebirges	271	1,707	—
" Blankenberg .	a. d. Sieg	52	235	
5. Kreis Mühlheim.	. .	7,59 QM	31,694	
St. Mühlheim (½ M.)	am Rhein	475	3,828	Krst.
D. Bensberg . .	2 M östl. v. Mühlheim	—	567	—
6. St.-Kreis Cölln.				
St. Cölln, Köln . . (83¾ M. von Berlin.)	am Rhein	7,073	59,049	Sitz der Regier., Krst.
7. L.-Kreis Cölln. (Das landräthl Amt ist in Cölln.)	. .	mit Stadt Cölln 7,88 QM	34,880	
St. Deutz (Duytz) .	am rechten Rheinufer	279	2,160	—
" Brühl	. .	278	1,410	—
" Worringen . .	nicht weit v. Rhein	231	1,406	—
D. Brauweiler . .	2 M. westl. v. Köln.	—	369	—
8. Kreis Bergheim.	. .	7,05 QM	30,547	
Fl. Kerpen	a. d. Erft	330	1,669	—
" Bedburg	a. d. Erft	116	635	—
" Bergheim (3 M.)	a. d. Erft	76	548	—
" Kaster	a. d. Erft	82	462	—

Behörden. Justiz-, Post-, Zoll- und Steuer-, Forst-, Bergwerks-, ꝛc. Behörden.	Militair-Behörden und garnisonirende Truppentheile.	Oeffentl. Anstalten, Universitäten, Gymnasien, höhere Schulen, Waisen-, Armen-, Kranken- u. Straf-Anstalten ꝛc.	Hauptgewerbe und vorhandene Merkwürdigkeiten.
Fr. G., P. E.	3. Bat. 28. Ldw.-Rgts.	Heil-, Irren-anst.	Loh- u. Papiermühle, Leder- u. Tabacksfabr.
Fr. G., P. E.	—	—	Tabacksfabr., Weinbau, Fischerei.
Fr. G., P. A.	—	—	Sammet-, Kasimir-, Leder-. Tabacksfab., Handel, Garten-, Obst- u. Weinbau.
Fr. G., F. I.	—	—	königl. Lustschloß u. Garten.
Appel. Ger.-Hof, L. G., Fr. Ger., Handels-Ger., Ob. P. A., Provinz. St. Direkt., H. St. A., Banko- u. Pr. Salz-Comtoir; Sitz eines Erzbischofs u. Domkap.	Comm. d. 15. Div. Comm. d. 15. Inf.-, 15. Kav.-, 15. Ldw.-Br., Commdt. Füs.-Bat. 16. Inf.-R 28. Inf.-Rgt. Stab, Comm. d. 1. u. 3. Abth, 1. reit. u. 1. 2. 3. 4. 9. 10. 12. Fuß-Cp. d. 7. Art.-Brig. 4 Pion.-Abth. 28. Inf.-Rgts. u. 15 Div. Garnis.-Comp. 1. Bat. 28. Ldw.-Rgts	Priester Sem., kath. u. evang. Gymn., Karmeliter-Collegium, Hebammen-Lehranst, Bürger Hosp., Waisenh, Correktions- u. Aresthaus	Festung, Hafen; viele Fabr. in Seiden- u. Baumwollwaaren, Blech- u. Lakirwaaren, kölnisch Wasser, Spiegel-, Taback-, Hut-, Leder-, Nadeln-, Seifefabr.; Domkirche.
P. E.	4. Dragoner-Rgt. Ldw.-Comp. d. 4. 7. 8. Art. Brig.	—	Seidenfabr., Spielkarten; Vorstadt von Köln.
—	2. Bat. 28. Ldw.-Rgts.	kth. Schullehr-Seminar.	Rübsaamenb.; schönes Lustschloß Augustenburg.
—	—	—	Fischer., Schifffahrt; Buruncum der Römer, die hier ein Kastell hatten.
—	—	Zwangs-Arbeits-Anstalt	
Fr. Ger.	—	—	Quincailleriewaarenfabr.; in der Gegend Braunkohllager.
—	—	—	Ackerbau.
Fr. G., P. E.	—	—	Lohgerb., Braunkohlgruben.
—	—	—	Ackerbau.

Name des Orts.	Geographische Lage.	Anzahl der Privat-Wohnhäuser u. Größe der Kreise nach geogr. Q.-Meilen.	Anzahl der Einwohner mit Militair.	Civil-Verwaltungs-Behörden.
9. Kreis Lechenich.	. .	8,09 QM	24,910	
St. Euskirchen . .	unw. d. Erft	331	1,845	—
" Lechenich (3 M.)	am Zusammenfluß der Erft u. Nael	252	1,335	Krst.
" Zülpich	. .	202	1,079	—
10. Kreis Rheinbach.	. .	7,52 QM	24,446	
St. Münstereifel . .	am Fuß d. Eifel, a. d. Erft	308	1,808	—
" Rheinbach (Rynbach) (5½ M.)	. .	226	1,370	Krst.
" Meckenheim . .	a. d. Erft	202	1,121	—
11. Kreis Bonn.	. .	5,06 QM	39,647	
St. Bonn (3½ M.) . .	am Rhein	1,268	10,774	Krst.
D. Godesberg . . .	unw. d. Rheins	—	785	—
IV. Reg.-Dep. Koblenz.				
1. Kreis Koblenz.	. .	5,03 QM	45,876	
St. Koblenz, Coblenz (76¼ M. von Berlin.)	am Einfl. der Mosel in den Rhein	1,035	11,511	Sitz des Ober-Präsidii, Sitz der Regier., Krst.

Behörden. Justiz-, Post-, Zoll- und Steuer-, Forst-, Bergwerks- ꝛc. Behörden.	Militair-Behörden und garnisonirende Truppentheile.	Oeffentl. Anstalten, Universitäten, Gymnasien, höhere Schulen, Waisen-, Armen-, Kranken- u. Straf-Anstalten ꝛc.	Hauptgewerbe und vorhandene Merkwürdigkeiten.
—	—	—	Tuchfabr., Pottaschsiederei.
Fr. Ger.	—	—	Acker- und Gartenbau, Schaafzucht.
Fr. Ger.	—	—	Lohgerb., Wollweb.; das alte Tolpiacum der Römer. — Schlacht 496, in welcher der fränkische König Klodwig die Allemannen besiegte; — 612 zw. Theudobert v. Austrasien und Theuderich v. Burgund.
—	—	Gymnasium, Armenhaus	Pottaschsied., Steinkohlengrube; hat durch die Ueberschwemmung d. Erft 1818 viel gelitten.
Fr. Ger.	—	—	Getrbau, Viehzucht.
—	—	—	Ackerbau.
Fr. G., P.A., H. St. A., Ob.B.A.	7. Ulanen-Rgt.	Univers., Gymnas., Zucht- u. Arresth., botan. Garten	Baumwoll- u. Seidenfabr., Vitriol, schwarze Seiffabr.; Handel mit Blei, Getr., Wein.
—	—	—	Gesundbrunnen, Weinbau; an einem Berge, auf welchem noch Trümmer eines Römer-Kastells.
L.G., Fr G, Handels-G., Ob. P. A., H. Z. A.	Comm. d. 8. Armee-Cps. 3. Art.-Insp., Commdt., Stab, 1. u 2. Bat. 25. Inf.-Rgts. Stab, Comm. d. 1. u, 2. Abth, 1. 2. reit. u. 1. 3. 5. 7. Fuß-Comp. d. 8. Art.-Brig. 3. Pion.-Insp., 8. Pion.-Abth. 25. Inf.-R. Garn-Cp. 2. Bat. 4. Garde-Ldw.-R.	kath. Gymn., Hebammen-Lehranstalt, Hosp., Heilanst für Augenkranke u. Blinde, Zucht- u. Arresthaus	Festung; Lakierblechwaaren-, Tabacksfabr., Schifffahrt, Handel mit Wein, Mühlsteinen, Steinkohlen, Mineralwasser.

Name des Orts.	Geographische Lage.	Anzahl der Privat-Wohnhäuser u. Größe der Kreise nach geogr. Q.-Meilen.	der Einwohner mit Militair.	Civil-Verwaltungs-Behörden.
St. Thal-Ehrenbreitstein	am Rhein	230	2,276	—
Fl. Rhens (Rhense)	am Rhein	190	1,345	—
„ Winningen . . .	a. d. Mosel	—	1,260	—
D. Vallendar . . .	am Rhein	—	2,323	—
„ Sayn	a. d. Sayn	—	695	—
2. Kreis St. Goar.	. .	8,39 □M	30,273	
St. Boppard . . .	am Rhein	462	3,255	—
„ Oberwesel . . .	am Rhein	357	2,206	—
„ Bacharach . .	am Rhein	243	1,516	—
„ St. Goar (4¾ M.)	am Rhein	177	1,223	Krst.
3. Kreis Kreuznach.	. .	9,42 □M	45,754	
St. Kreuznach (10¼ M.)	a. d. Nahe	848	6,875	Krst.
„ Sobernheim . .	a. d. Nahe	301	2,102	—
„ Kirn	auf d Hundsrück, an der Nahe	180	1,601	—
„ Monzingen . .	a. d Nahe	—	927	—
„ Stromberg . .	am Gullenbach	107	887	—
D. Münster am Stein	a. d. Nahe	—	221	—

Behörden. Justiz-, Post-, (Zoll- und Steuer-, Forst-, Berg-, werks-, rc. Behörden.	Militair-Behörden und garnisonirende Truppentheile.	Oeffentl. Anstalten, Universitäten, Gymnasien, höhere Schulen, Waisen-, Armen-, Kranken- u. Straf-Anstalten rc.	Hauptgewerbe und vorhandene Merkwürdigkeiten.
Justizamt, P. E.	3. Ing.-Insp. Füs.-Bat. 25. Inf.-R. 8. Fuß-Cp. d. 7. Art.-Br. 7. Pion.-Abth.	—	Tabacksfabr., Wein-, Korn- u. Speditions-Handel; Coblenz gegenüber am Fuß der Bergfestung Ehrenbreitstein.
—	—	—	Acker- u. Weinbau; in der Gegend der jetzt zerstörte Königsstuhl.
—	—	—	Weinbau.
Justizamt.	—	—	Wollfabr., Färber., Gerber., Töpfer., Tabackspfeifenfabr., Papiermühle, Schifffahrt.
Hüttenamt.	—	—	königl. Eisenhütte. Dabei die Trümmer des Schlosses der Grafen v. Sayn; ehem. Abtei.
Fr. G., P. E.	—	kth. Pro-Gymnas., Hospit.	Gerber., Baumwollweber., Schifffahrt, Weinhandel.
—	—	—	Tuchweb., Weinbau, Lachsfang.
P. E.	—	—	starker Weinbau, Bierbr., Schieferbruch; in der Gegend das alte Schloß Pfalz.
Fr. G., P. E.	—	—	Lederfabr., Baumwollsp., Weinhandel, Lachsfang, Schifffahrt. — Dabei die von den Franzosen zerstörte Festung Rheinfels, u. im Rhein der gefährliche Wirbel Goarsbank.
Fr. G., P. A.	—	Gymn., Hospital	Weinbau, Handel, Leder-, Tabacksfabr., Brantwbr.; dabei ein Salzwerk und Trümmer der Ebernburg, welche Franz v. Sickingen besaß.
—	—	—	Weinbau, Papiermühle.
Fr. G., P. E.	—	Pro-Gymnas.	Papier- u. Oelmühle, Gerber., Alaun- u. Vitriolsiederei.
—	—	—	Weinbau.
Fr. Ger.	—	—	Lederfabr, Eisenwerk, Papiermühle.
—	—	—	Salzwerk.

Name des Orts.	Geographische Lage.	Anzahl der Privat-Wohnhäuser u. Größe der Kreise nach geogr. Q.-Meilen.	der Einwohner mit Militair.	Civil-Verwaltungs-Behörden.
4. Kreis Simmern.	. .	10,73 QM	31,676	
St. Simmern (8 M.)	am Simmerbach, auf d. Hundsrück	264	2,229	Krst.
= Kirchberg . . .	auf d. Hundsrück	186	1,216	—
= Kastellaun . .	auf d. Hundsrück, am Drim	150	934	—
Fl. Gemünden . .	unw. d. Simmerbachs	—	809	—
5. Kreis Zell.	. .	6,88 QM	23,158	
St. Zell (9½ M.) . .	a. d. Mosel	354	2,000	Krst.
= Trarbach	a. d. Mosel	170	1,141	—
Fl. Enkirch	a. d. Mosel	—	1,651	—
= Traben	a. d. Mosel	—	899	—
Fl. Beilstein . . .	a. d. Mosel	—	264	—
D. Bertrich	unw. d. Mosel	—	407	—
6. Kreis Kochheim.		9,57 QM	26,119	
St. Kochheim (Kochem) (6½ M.)	a. d. Mosel	325	2,102	Krst.
Fl. Treis	am Einfl. der Deim in die Mosel	—	1,023	—
= Uelmen	in der Eifel, a. d. Lauter	—	801	—
= Kaisersesch . .	. .	—	551	—
7. Kreis Mayen.	. .	10,43 QM	35,654	
St. Mayen (3½ M.) .	a. d. Nette	467	3,052	Krst.
= Andernach . . .	am Rhein	365	2,388	—
= Münstermaifeld	1 St. von der Mosel	203	1,327	—

Behörden. Justiz-, Post-, Zoll- und Steuer-, Forst-, Bergwerks- rc. Behörden.	Militair-Behörden und garnisonirende Truppentheile.	Oeffentl. Anstalten, Universitäten, Gymnasien, höhere Schulen, Waisen-, Armen-, Kranken- u. Straf-Anstalten rc.	Hauptgewerbe und vorhandene Merkwürdigkeiten.
Fr. G., P. E., F. J.	3. Bat. 29. Ldw.-Rgts	Synagoge	Gerber, Strumpfwirk., Eisenhammer.
Fr. G., P. E.	—	—	Flachsbau, Leinw.; Schloß; in der rauhesten Gegend des Hundsrücks
Fr. Ger.	—	—	Flachsbau, Leinweb.; zerstörtes Schloß.
—	—	—	Schloß.
Fr. Ger.	—	—	Wein-, Obst- u. Flachsbau.
Fr. G., P. E.	—	Pro-Gymnas.	Weinbau, Schieferbruch, Papiermühle, Blei- u. Kupfergruben; Spuren der Römerstraße.
—	—	—	Weinbau, Schieferbruch; in der Nähe Spuren einer Römerstraße u. einer ehemaligen Stadt.
—	—	—	Weinb., Schieferbr.; Trarbach gegenüber.
—	—	—	Weinbau; in der Nähe die alte Burg gleichen Namens.
—	—	—	Mineralquellen, schon von den Römern gekannt.
Fr. Ger.	—	—	Weinbau, Pottaschfabrik, Tuchweb., Saffianfabr., Weinhandel.
Fr. Ger.	—	—	Weinbau, Fischer.; Bergschloß.
—	—	—	Dachschieferbruch; in der Nahe der See: das Uelmener Meer.
—	—	—	in der Gegend Schieferbrüche.
Fr. G., P. E., F. J.	—	—	Tuchweb., Töpfer., Steinbrüche, Mineralquellen, Papiermühle.
Fr. G., P. E.	2. Bat. 29. Ldw.-Rgts.	—	Leder-, Metallfabr., Schiffbau, Schifffahrt. Die Gegend liefert Traß und Mühlsteine aus Lava; Lachersee.
Fr. Ger.	—	—	Tuchweber., Lohgerber.

Name des Orts.	Geographische Lage.	Anzahl der Privat-Wohnhäuser u. Größe der Kreise nach geogr. Q.-Meilen.	Anzahl der Einwohner mit Militair.	Civil-Verwaltungs-Behörden.
Fl. Polch	unw. d. Nette	—	1,116	—
= Monreal	a. d. Elz	—	479	
8. Kreis Adenau.	. .	10,03 QM	19,719	
St. Adenau (7 M.) :	in der Eifel	151	1,258	Krst.
Fl. Virneburg . . .	in der Eifel	—	250	—
= Aremberg . . .	a. d. Ahr, in der Eifel	—	228	—
= Kelberg	in der Eifel	—	221	—
9. Kreis Ahrweiler.	. .	6,27 QM	27,354	
St. Ahrweiler (7½ M.)	a. d. Ahr	375	2,819	Krst.
= Sinzig	an der Ahr u. nahe am Rhein	214	1,392	—
= Remagen . . .	am Rhein	210	1,256	—
Fl. Nieder-Breisig .	am Rhein	—	781	
= Altenahr . . .	. .	—	346	
10. Kreis Neuwied.	. .	11,58 QM	46,999	
St. Neuwied (2½ M.)	unw. d. Rheins	500	4,510	Krst.
= Linz	am Rhein	324	2,126	—
= Dierdorf	am Wiedbache	168	1,318	—
= Erpel	am Fuß d. Erpler Leiberges	—	744	—
= Unkel	am Rhein	95	581	—
Fl. Isenburg . . .	am Sayn	—	443	
= Altenwied . . .	am Wiedbache	100	261	—

Behörden. Justiz-, Post-, Zoll- und Steuer-, Forst-, Bergwerks- 2c. Behörden.	Militair-Behörden und garnisonirende Truppentheile.	Oeffentl. Anstalten, Universitäten, Gymnasien, höhere Schulen, Waisen-, Armen-, Kranken- u. Straf Anstalten 2c.	Hauptgewerbe und vorhandene Merkwürdigkeiten.
P. E.	—	—	in der Gegend Dachschieferbrüche.
Fr. Ger.	—	—	Gerber., Lein- u. Wollweb., in der Nähe Eisen- und Bleigruben.
Fr. Ger.	—	—	Steinbrüche; in der traurigsten Gegend der Eifel.
—	—	—	Weinbau; in der Gegend Blei- und Eisenwerke.
—	—	—	in der höchsten Gegend der Eifel
Fr. Ger.	—	—	bedeut. Weinbau, (Bleichert) Tuchweber., Färber, Lohgerber.
Fr. Ger.	—	—	hier war das römische Kastell Sentiacum
P. E.	—	—	Weinbau; Rigomagum der Römer; römische Alterthümer.
Fürstliches Justizamt, P. A., H. St. A.	1. Bat. 29. Ldw.-Rgts.	Pro-Gymnas. ev. Schullehr-Sem., Waisenh., Erziehungsanst. d. evan. Brüdergemeine.	Woll-, Baumwoll-, Tapeten-, Eisen-, Leder-, Tabacksfabr.; in der Gegend viel römische Alterthümer; Lustschloß Monrepos; gehört dem Fürsten zu Wied.
Just.-Amt, Bg. G, P E.	—	kth. Pro-Gymnasium	Vitriolölfabrik., Weinbau, Schifffahrt; in der Gegend Eisen-, Blei-, Kupfer-, Silberhütten, Braunkohlgruben.
Fürstl. Just. A., P. E.	—	—	Obst- u. Weinbau; Schloß des Fürsten zu Wied.
—	—	—	Leywein.
—	—	—	Wein- u. Bergbau; von hohen Basaltbergen umgeben.
—	—	—	in der Gegend Blei-, Kupfer- u. Silbergruben.

Nam des Orts.	Geographische Lage.	Anzahl der Privat-Wohnhäuser u. Größe der Kreise nach geogr. □.-Meilen.	Anzahl der Einwohner mit Militair.	Civil-Verwaltungs-Behörden.
11. Kreis Altenkirchen.	. .	11,33 □M	29,390	
St. Altenkirchen (7½ M.)	auf dem Westerwald	121	891	Krst.
Fl. Freusburg . .	a. d. Sieg	—	316	—
D. Wissen	a. d. Sieg	—	535	—
" Hamm	a. d. Sieg	—	405	—
12. Kreis Wetzlar.	. .	9,76 □M	34,558	
St. Wetzlar (11 M.)	a. d. Lahn, welche hier die Dill u. den Wetzbach aufnimmt	709	4,373	Krst.
" Braunfels . . .	a. d. Iserbach	216	1,388	—
" Leun (Lein) . .	a. d. Lahn	129	781	—
D. Schwalbach . . .	1 M. südl. von Wetzlar	—	386	—
V. Reg.-Dep. Trier.				
1. Kreis Daun.	. .	11,48 □M	19,244	
Fl. Hillesheim . .	in der Eifel	—	595	—
" Geroldstein . .	a. d. Kill	—	555	—
" Daun (Dhaun) . (10½ M.)	a. d. Lieser	—	492	Kreisort
2. Kreis Prüm.	. .	16,73 □M	24 483	
St. Prüm (8½ M.) .	in der Eifel, a. d. Prüm	329	1,867	Krst.
Fl. Schönecken . . .	in der Eifel	—	820	—
" Dasburg	a. d. Our	—	—	—
D. Bleialf	2 M. n. westl. von Prüm	—	361	—
3. Kreis Bittburg.	. .	14,25 □M	32,982	
St. Bittburg (4 M.)	unw. d. Nims	319	2,028	Krst.
" Neuerburg . . .	a. d. Diez	—	1,486	—
" Dudeldorf . . .	unf. der Kill	—	712	—
4. Kreis Wittlich.	. .	11,76 □M	27,687	
St. Wittlich (4½ M.)	a. d. Lieser	292	2,050	Krst.

Behörden. Justiz-, Post-, Zoll- und Steuer-, Forst-, Bergwerks- rc. Behörden.	Militair-Behörden und garnisonirende Truppentheile.	Oeffentl. Anstalten, Universitäten, Gymnasien, höhere Schulen, Waisen-, Armen-, Kranken- u. Straf-Anstalten rc.	Hauptgewerbe und vorhandene Merkwürdigkeiten.
P. E.	—	—	Baumwollspinn.; Schloß; in der Gegend Eisenhammer u. Papiermühle.
Justizamt.	—	—	Eisengruben; Bergschloß.
P. E.	—	—	bedeut. Eisengruben u. Eisenhütten.
Hüttenamt.	—	—	bedeut. Eisengruben u. Eisenhütten, Pulverfabrik.
St.G., P. A.	3. u. 4. Schützen-Abth.	Gymnasium, Franziskaner Mönchsklost.	Garten- u. Obstbau, in einer romantischen Gegend, von Bergen umgeben; hier war vormals das deutsche Reichskammergericht; Gefecht 15. Juni 1796 zw. Oestreich. und Franzosen.
Fürstl. Justizamt.	—	—	Feuerspritzenfabr; Schloß mit Merkwürdigkeiten, gehört dem Fürsten zu Solms-Braunfels.
—	—	—	Glockengießerei, Eisenhütte.
—	—	—	Mineralquellen.
Fr.G., P. E.	—	—	bedeutende Eisengruben.
—	—	—	in der Nähe Eisenhütten.
Fr. G.	—	—	Kupferbergw.; altes Schloß; in einer der höchsten Gegenden der Eifel.
Fr. G., P. E., F. J.	3. Bat. 30. Ldw.-Rgts.	Arresthaus	Lohgerb., Wollweb.; ehem. eine reichs-unmittelbare Abtei.
—	—	—	Eisengruben.
—	—	—	Tuchfabr.
—	—	—	Bleigruben u. Bleischmelze.
Fr. G., P. E.	—	—	Tuchweb., Lohgerb.; Schloß.
Fr. G.	—	—	Tuchweb., Lederfabr.
Fr. G.	—	—	Tuchweber.
Fr. G., P. E.	—	—	Gesundbrunnen; Schloß Ottenstein.

Name des Orts.	Geographische Lage.	Anzahl der Privat-Wohnhäuser u. Größe der Kreise nach geogr. Q.-Meilen.	Anzahl der Einwohner mit Militair.	Civil-Verwaltungs-Behörden.
Fl. Manderscheidt .	a. d. Lieser	—	660	—
5. Kreis Bernkastel.	. .	12,03 QM	36,133	
St. Bernkastel (6½ M.)	a. d. Mosel	258	1,650	Krst.
6. St.-Kreis Trier.	. .	0,77 QM	20,489	
St. Trier ..... (franz. Trèves) (93 M. von Berlin.)	a. d. Mosel	1,150	11,972	Sitz der Regier., Krst.
7. L.-Kreis Trier. (Das landräthl. Amt ist in Trier.)	. .	17,98 QM	45,454	
St. Pfalzel	a. d. Mosel	217	1,136	—
Fl. Ehrang	am Einfl. der Kill in die Mosel	—	795	
8. Kreis Saarburg.	. .	7,93 QM	23,865	
St. Saarburg (2½ M.)	a. d. Saar	226	1,572	Krst.
Fl. Freudenburg . .	unw. d. Saar	—	662	—
9. Kreis Merzig.	. .	8,34 QM	25,917	
St. Merzig (5 M.) .	a. d. Saar	355	2,522	Krst.
Fl. Wadern	. .	—	826	—
10. Kreis Saarlouis.	. .	8,55 QM	39,698	
St. Saarlouis (7 M.)	a. d. Saar	468	4,502	Krst.
Fl. Lebach	a. d. Leh	—	630	—
11. Kreis Saarbrücken.	. .	6,41 QM	29,337	
St. Saarbrücken (10 M.)	a. d. Saar	494	6,321	Krst.

Behörden. Justiz-, Post-, Zoll- und Steuer-, Forst-, Bergwerks- 2c. Behörden.	Militair-Behörden und garnisonirende Truppentheile.	Oeffentl. Anstalten, Universitäten, Gymnasien, höhere Schulen, Waisen-, Armen-, Kranken- u. Straf-Anstalten 2c.	Hauptgewerbe und vorhandene Merkwürdigkeiten.
Fr. Ger.	—	—	Tuchfabr.; Schloß, gehörte früher dem Grafen v. Manderscheidt.
Fr. Ger.	—	—	Weinbau, Bleigruben, Kupferbergwerk; dabei Trümmer eines römischen Kastells.
L. G., Fr. G., Handels-Ger., P. A., H. Z. A., F. I., Sitz eines Bischofs und Domkapitels.	Comm. d. 16. Div. Comm. d. 16. Inf.-, 16. Kav.-, 16 Ldw.-Br. Stab u. 2. Bat. 30. Inf. Rgts. 8. Ulanen-Rgt. Comm. d 3. Abth, 3. reit u. 9 12. Fuß-Cp. d. 8. Art.-Brig. 1. Bat. 30. Ldw.-Rgts.	Priester Sem., kath. Gymn., kth Schullehr-Sem., Landarmenhaus, Waisenanst., Strafanst, Klarissen-Nonnenkl., Congregation	Zuckerfabr., Wein-, Gartenbau. — Eine der ältesten Städte Europa's, Augusta Trevirorum der Römer, Porta nigra und viele Ueberreste römischer Baukunst.
—	—	—	Eisengruben, Eisenhütten; Stiftskirche.
Fr. G., P. E.	—	—	Alaunsied., Salmiakfabr., Weinbau.
Fr. Ger.			
Fr. G., P. E.	—	—	Weinbau, Schiffbau, Schifffahrt.
Fr. Ger.			
Fr. G., P. A.	Commdt., 29. Inf.-Rgt. 1. u. 2. Esk. 9. Hus.-Rgts. 10. u. 11. Fuß-Comp. 8. Art.-Brig. Comm. d. 8. Pion.-Abth. 29. Inf.-Rgts. Garnis.-Comp. 2. Bat. 30. Ldw.-Rgts.	—	Festung, Lohgerber.; in der Nähe Blei- u. Eisengrub. Ist unter Ludwig 14. 1680 nach Vaubans Plan erbaut.
Fr. Ger.			
Fr. G., P. A., H. Z. A., F. I	Stab, 3. u. 4. Esk. 9. Hus.-Rgts.	Gymn, Hebammen-Lehranstalt, Arresthaus	Tabacks-, Tuch-, Eisenwaaren-, Alaunfabr., Holzhandel; die Saar ist hier schiffbar.

Name des Orts.	Geographische Lage.	Anzahl der Privat-Wohnhäuser u. Größe der Kreise nach geogr. □-Meilen.	Anzahl der Einwohner mit Militair.	Civil-Verwaltungs-Behörden.
D. Duttweiler . .	1 M. nördl. v. Saarbrücken	—	985	—
„ Geislautern . .	a. d. Rossel	—	415	—
„ Rilchingen . . .	a. d. Saar	—	210	—
12. Kreis Ottweiler.	. .	4,77 □M	21,960	
St. Ottweiler (14 M.)	a. d. Blies	240	2,654	Krst.
Fl. Neunkirchen . .	a. d. Blies	—	1,451	—
„ Tholey	a. d. Ley	—	693	

I. Fürstenthum Neufchâtel mit der Grafschaft Vallengin (der

1. Fürstenthum Neuschâtel, enthält 13 Kastellaneien und Mairies.

St. Neufchâtel . . (Neuenburg) (110¾ M. von Berlin.)	am Fuß des Jura u. am Einfluß des Seyon in den Neuenburger See	547	5,500	Sitz der Regierung und der Landesbehörden.
„ Boudry	a. d. Reuse	—	1,430	—
„ Landeron . . .	am Einfl. d. Thiele in d. Bienne See, einem Theile des Bieler Sees	—	820	—
Kolonie Montmirail	. .	—	—	—
D. St. Sulpice . .	a. d. Reuse, im Val de travers	—	420	—

2. Grafschaft Vallengin, enthält 5 Mairies oder Meiereien.

Fl. Vallengin . . .	a. d. Seyon	—	500	—
D. La Chaux de Fonds	in einem 2 St. langen Thale	—	5,920	—
„ Le Locle . . .	in einem tiefen Bergthale	—	4,300	—

Behörden. Justiz-, Post-, Zoll- und Steuer-, Forst-, Berg-werks- rc. Behörden.	Militair-Behörden und garnisonirende Truppentheile.	Oeffentl. Anstalten, Universitäten, Gymnasien, höhere Schulen, Waisen-, Armen-, Kranken- u. Straf-Anstalten rc.	Hauptgewerbe und vorhandene Merkwürdigkeiten.
Fr. Ger.	—	—	Eisenschmelze, Alaunfabr.
—	—	—	Eisenschmelze, Hammerwerk, Weißblechfabr.
—	—	—	Salzwerk.
Fr. G., P. E.	—	—	Parchentfabr.; altes Schloß.
—	—	—	Eisengruben, Eisenhütte.

22ste Kanton der Schweiz).

—	—	Gymnas., und andere treffliche Lehr- und Erziehungsanst., ökonom. Gesellschaft, Hospit. durch Jac. Ludw. v. Pourtales gestiftet.	sehr freundlich u. gewerbreich, Zitz-, Kattun-, Uhr-, Messer-, Lederfabr., Spitzenklöpp, Eisen- u. Kupferhammer, Weinbau u. Handel; altes Schloß; neues Rathhaus, aus dem Vermächtniß des vormaligen Kaufmanns David Turn 1786 erbaut.
—	—	—	Indiennefabr., Weinbau, Forellenfischerei.
—	—	Kapuziner Hospital	Weinbau.
—	—	weibliche Erziehungsanst.	Herrnhuter-Kolonie, zum Weiler Thielle (deutsch: Delsperg) gehörig.
—	—	—	Corduan-, Maroquinfabr., Formenschneider für die Zitzfabr., Glockengießer., Papierfabr.
Sitz des peinlichen Gerichts und des Tribunals der 3 Stände der Grafschaft.		—	liegt 671 Fuß über dem Neufchâteller See.
—	—	—	Uhrmacher, Goldarbeiter, Spitzenmacher; 1732 F. über d. Neufchâteller See.
—	—	—	Gold-, Silberarbeiter, berühmte Uhrmacher, Messerschmiede.

Uebersicht des Flächenraums und der Bevölkerung des Preußischen Staats, vom Jahre 1826.

Provinzen	Regierungs-Bezirke.	geograph. Quadrat-Meilen	Bevölkerung mit Militair	geograph. Quadrat-Meilen	Bevölkerung	es kommen auf einer □Meile Menschen
Preußen	Königsberg	405,70	682,844	1168,72 darunter Wasser 42,63	1,914,725	1,700
	Gumbinnen	297,07	480,505			
	Danzig .	150,89	317,066			
	Marienwerder .	315,06	434,310			
Posen	Posen . .	327,43	712,786	538,44	1,039,930	1,933
	Bromberg	211,01	327,144			
Brandenburg	Potsdam .	370,63	835,057	723,20	1,478,871	2,045
	Frankfurt	352,57	643,814			
Pommern	Stettin .	233,13	399,235	567,10 darunter Wasser 23,64	846,722	1,557
	Cöslin .	258,49	302,266			
	Stralsund	75,48	145,221			
Schlesien	Breslau .	244,43	918,671	743,31	2,312,687	3,112
	Oppeln .	247,63	656,539			
	Liegnitz .	251,24	737,477			
Sachsen	Magdeburg	204,78	527,545	455,33	1,361,582	2,992
	Merseburg	186,29	565,907			
	Erfurt .	64,25	268,130			
Westphalen	Münster .	132,16	382,907	364,31	1,184,589	3,254
	Minden .	93,41	373,078			
	Arnsberg .	138,73	428,604			
Rhein-Provinz	Cölln . .	74,59	369,726	480,32	2,117,569	4,412
	Düsseldorf	98,90	660,476			
	Coblenz .	109,43	399,235			
	Trier . .	120,99	350,679			
	Aachen . .	76,41	337,453			
Neufchâtel				13,95	51,569	3,696
	Der ganze Staat .			5054,68	12,308,244	2,464

Register.

T.

U.

V.

FSC
www.fsc.org
MIX
Papier | Fördert gute Waldnutzung
FSC® C083411

Kolibri 360 GmbH
Ferdinand-Jühlke-Straße 7
99095 Erfurt, Deutschland
produktsicherheit@kolibri360.de

José Luiz Bittencourt

Selbstoptimierende und bedarfsgerechte Steuerungsstrategien für Werkzeugmaschinen zur Steigerung der Energieeffienz

RWTH AACHEN UNIVERSITY

Edition Wissenschaft
Apprimus